図解 即 戦力 豊富な図解〜〜〜で、知〜〜〜！

JN000647

モバイルゲーム開発が

しっかりわかる

これ1冊で 教科書

永田峰弘
Minehiro Nagata

大嶋剛直
Takenao Oshima

福島光輝
Mitsuteru Fukushima

技術評論社

はじめに

　コンピューターゲームが世に登場してから半世紀を越え、大掛かりな機械を必要とした時代から進化して、今では誰の手にもあるスマートフォンなどで気軽に遊べる娯楽『モバイルゲーム』になっています。

　本書では数多くのタイトルに参加し現在も開発現場で活躍しているメンバーが、今や世界中で楽しまれているモバイルゲームがどのように作られていくのかを丁寧にお届けする『モバイルゲーム開発の地図』です。

　モバイルゲームにおける開発工程の要点を最初（企画立案）から最後（配信と運用）まで、図を多く用いてわかりやすく解説しています。

　ゲームの開発という点ではコンシューマーゲームとも共通する内容もありますし、加えてモバイルゲームならではのポイント、プレイサイクルの概念や運用というフェーズを含めて丹念に項目立てています。

　これからモバイルゲームの業界を目指す方を意識した内容になっていますが、既にクリエイターとして活動している若手の方も、広く全体の流れを知ることでよりスムーズに開発を進められるようになるかと思います。

　近年では大規模な開発が増え、ひとりの開発者が全ての工程を担当することは少なくなりました。そのため開発の流れを知り、全体を把握する経験を得る機会も減ってきています。本書では様々なパターンや例を挙げながら、各工程でどのようなことが進んでいるかをご紹介しています。ひとりでは体験できない場面をフォローすることで、より深くモバイルゲーム開発と運用の工程を理解できるようになるはずです。

　モバイルゲームはスマートフォンなどのハードや通信技術、また開発手法の進化に合わせて常にアップデートが続く変化の多い環境にあります。ですが、開発におけるスタンダードな流れや思想はある程度確立されてきています。基礎をしっかりと理解しておくことで、今後の変化にも柔軟に対応できるようになるはずです。そのためのヒントも随所にちりばめました。

　本書を片手にモバイルゲーム開発の世界に足を踏み入れ、ぜひその魅力に触れ、開発を楽しんでください。

2021年3月末　著者一同

目次　Contents

3章
プロトタイプ開発

4章
アルファ版開発

5章
ベータ版とデバッグ

6章
配信と運用

7章
これからのモバイルゲーム

ご注意：ご購入・ご利用の前に必ずお読みください

1章

モバイルゲーム開発の基礎知識

この章ではモバイルゲームの開発に携わる上で必要となる知識や用語、そして概念や役割、全体の流れを大まかにお伝えします。マクロな視点で大きく把握しておくことで、この後に続く内容をより的確に理解するための地図のような章になります。モバイルゲーム開発の扉を開きましょう。

01 モバイルゲームの開発とは

モバイルゲームはスマートフォンに向けて配信され、多くの人が楽しむゲームです。従来のコンシューマーゲームとの類似点や違いなどを含め、そもそもモバイルゲームの開発とはどのようなものなのかをご紹介します。

● モバイルゲームとは

　本書で扱うモバイルゲームとは、**主にiPhoneやAndroidなどのスマートフォンプラットフォームに向けて配信するゲームアプリケーション**を指します。通信を行わずアプリ単体で完結するスタンドアローン型、サーバーとクライアントが通信を行い連携して動くオンライン型に大きく分かれますが、本書では主にオンライン型のゲームを題材として解説します。

■ スタンドアローン型とオンライン型の違い

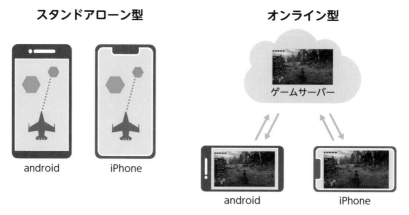

● モバイルゲームの配信イメージ

　モバイルゲームを開発して配信する際の配信先は**iPhone向けとAndroid向け**で変わります。iPhoneはAppleのApp Storeに向けて配信申請をすることに

なりますが、AndroidではGoogleのGoogle Playなどのアプリマーケットの他にも、一般的なウェブサイトからの配信が可能です。

■ モバイルゲームの配信イメージ

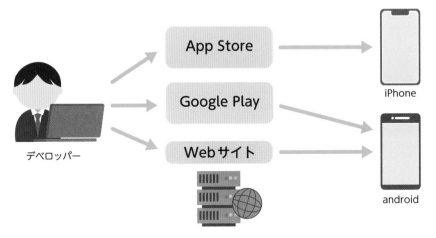

根底は従来のゲーム開発と同じ

　コンピューターゲームが登場した当時からはハードも進化し、同様に開発スタイルや手法、また開発ツールも大きく変化していますが、根底にあるものは変わりません。**プレイヤーに新しい驚きと体験を届け、心を動かす**ことです。

　本書では近年の主流の開発手法を紹介しますが、この心構えだけはいつの時代も変わらないものだと信じています。

モバイルゲームとコンシューマーゲームの大きな違い

　プレイヤーの前にハードルを設定し、それをクリアすることを最小単位として、その集合がいわゆるゲームと定義できるかと思います。これはアナログゲームでもコンピューターゲームでも変わりません。モバイルゲームもコンシューマーゲームもその要素を内包していますが、ふたつの最も大きな違いは**運用があるかどうか**ではないでしょうか（もちろん、MMORPGのようにコンシューマーゲームでも運用を必要とするジャンルもありますし、その逆も存在しま

す)。

　一般的なコンシューマーゲームは追加DLCや拡張パックなどの販売はあれど、発売後に大きく手を入れることは多くありません。しかし、モバイルゲームは配信を続ける限り新たな機能やイベントを追加し続けます。モバイルゲームにおいて運用というフェーズは非常に大きな要素であり、コンシューマーゲームとの最も大きな違いのひとつであると言えるでしょう。

■ モバイルゲームとコンシューマーゲームの大きな違いは運用があるかどうか

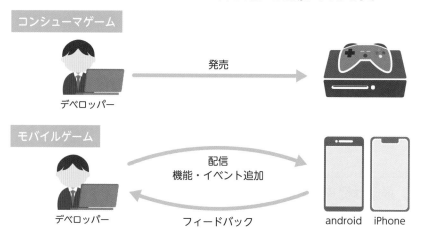

● 運用を見据えた開発

　前項で挙げたとおり、モバイルゲームでは運用というフェーズが非常に重要になります。そのため、**企画立案の段階から、どのように運用するかを見据えた計画を立てる**必要があります。運用をあまり深く考慮せずに開発を進めてしまった結果、運用のスケジュールが常にカツカツでスタッフが疲弊してしまうという現場もあります。タイトルがヒットした場合、開発期間よりも運用期間の方が長くなることを念頭に計画を立てることが理想的です。

　少し話はずれますが、近年では基本無料のF2P型ゲームが多く配信されており、その中には広告などで収益を狙うゲームもあります。そのような広告型ゲームの場合、ゲーム自体に運用要素がなくても、表示する広告の内容などを調整することで収益を上げる場合もあり、これも運用と言えます。

開発期間	配信	運用期間			
		イベント1 追加	機能拡張	イベント2 追加	機能拡張

◉ 配信時に全ての機能を備えている必要はない

　これは極端な表現になりますが、ヒットするモバイルゲームはライブ感も持ち合わせています。体験を提供するために必要な機能が欠けている場合は論外ですが、**ユーザーとのコミュニケーションやデータから見えてくるニーズを拾い上げ、新しい機能を追加する**ことはよくあります。

　配信開始時はシンプルなゲームサイクルにしておくことでユーザーと共に作り上げる感覚を出し、コミュニティとの一体感の演出を狙うことも増えています。モバイルゲームの開発とは、ゲーム体験そのものの開発であり、コミュニティの醸成でもあると言えるでしょう。

まとめ

- ▷ **モバイルゲームとはスマートフォン向けのゲームアプリ**
- ▷ **コンシューマーゲームとの大きな違いは運用があること**
- ▷ **モバイルゲームの開発とは、ゲームとそのコミュニティを醸成すること**

02 モバイルゲーム開発に必要な役割

近年のモバイルゲーム開発は規模が非常に大きくなっているため、多くのメンバーと協力して進めることになります。ここでは開発においてどのような役割が必要になるかを紹介し、その担当内容を説明します。

● プロデューサー／ディレクター

　ゲーム制作を総合的に指揮するリーダーです。**プロデューサーは売上に責任を持ち、ディレクターはクオリティーに責任を持つ**、とするメーカーが多いかと思います。この役職名は各社で微妙に立ち位置が変わることがありますが、いずれにしてもそのゲームの方向性を明確にしてチーム全体を引っぱり、ゲームのクオリティーを上げて目標とする売上を達成することを受け持つポジションです。

■ プロデューサーとディレクターの違い

プロデューサー

- 統括総指揮
- 市場分析
- 予算・売上計画
- 人員配置
- 協力会社との渉外・連携
- 広告宣伝計画

ディレクター

- クオリティー担保
- チームマネジメント
- スケジュール進捗管理
- 企画立案・仕様策定
- 協力会社のディレクション
- メンバー間折衝

● プランナー

　ディレクターやゲームデザイナーが決めた方向性に則り、**ゲーム内の機能や演出の企画と仕様作成、それをエンジニアやアートなど他のセクションに伝え**

て開発を進めるポジションです。シナリオを書いたり、できあがってきたゲームのパラメーター設定や調整を行うことも重要な仕事になります。

　この項目ではおおざっぱに『プランナー』とまとめていますが、進行管理はプロジェクトマネージャー、シナリオはライター、パラメーターの設計は分析と数値の扱いに長けたアナリストなど、専門のメンバーを立てることが多くなっています。開発ボリュームの増大によって各担当者の細分化と専門化が最も進んでいるセクションでもあります。

■ プランナーはコミュニケーションも重要

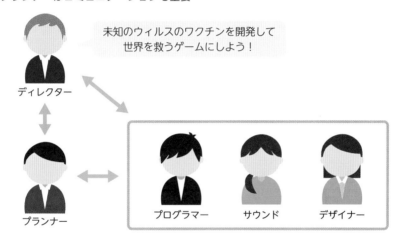

● エンジニア

　プランナーセクションの作った仕様をベースに**プログラムを作成し、ゲームに最初の命を吹き込みます。**アプリ側を担当するクライアントエンジニア、サーバー側を担当するサーバーエンジニアに大きく分かれます。

　クライアントエンジニアは画面内の様々な動きに対してどのようなアプローチをするかを決めて動くものを作り上げます。以前はキャラクターの動きやサウンドの調整も担当していることがありましたが、最近はそれぞれ専門のセクションが担当できるように実装することが増えています。

　サーバーエンジニアは文字通りサーバー側の処理を担当し、パラメーターなど様々な値を処理して実行するゲームのコア部分を担当します。

■ クライアントエンジニアとサーバーエンジニアの連携

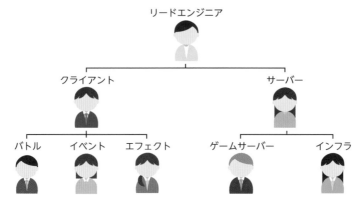

● アート／デザイナー

　キャラクターや背景のイラストレーションや3Dモデリング、UIのデザインに加えてモーションなども担当する、**ゲームの見た目や動きに関して責任を持つ**セクションです。

　ゲームのビジュアルが与える印象は非常に大きく、花形的なセクションとも言えます。ただし技術に加えて、ゲームが完成する数年先の時流を見越して新たな表現を追求するセンスや努力も必用とする重要な役割です。

■ ゲームのビジュアルを司るセクション

● サウンドクリエイター

　BGMやSE（効果音）の制作に加えて、それらのサウンドをどのように鳴らすかを設計して様々なシーンに音の演出を加えます。視覚に次いでゲーム体験の印象を左右する比重が大きいセクションです。

　やはりBGMが最も目立ちますが、SEも非常に重要な効果を持っています。軽視されがちですが、たったひとつの効果音が雰囲気を大きく変えてしまうこともあるため丁寧な演出設計力が求められます。

■ ゲームの演出にかかせないサウンド

BGM作成　　効果音作成　　サウンドエンジニア

◉ QA／デバッガー

　制作中の**ゲームをテストプレイして不具合や実装漏れなどを探し、開発チームと連携して製品のクオリティーを上げる**サポートセクションです。

　仕様に対して膨大な量のチェックリストを作成し、それらが想定どおりに動作するかを確認します。場合によってはより良くするための提案を挙げてゲーム開発に貢献します。複雑化が進んでいるゲーム開発においてなくてはならない役割です。

　モバイルゲームは様々な端末で遊ばれるため、開発側で全ての環境を整えることは困難です。そのため専門のスタッフを集めた外部協力会社と協力して行うことが多くなっています。

■ QAは縁の下の力持ち

チェック項目を洗い出す

✓ スタートボタンで正常にゲーム開始　　✓ プレイヤーが壁にめり込まない？

✓ ユーザー名に禁止ワードは登録できない　✓ 死ぬと同時に体力回復するとどうなる？

✓ パスワードは8文字以上か？

ひたすらチェック！！

モンキーテスト

デバッグコマンドの
要望

バグレポートの
送信

修正したバグの
再確認

ユーザーの不利益に
ならないか？

バグ再現方法の発見

バグ発生の瞬間を
動画で録画

◉ 広報／マーケター

完成したゲームをお客さまの元に届けるためのマーケティングやプロモー

ションを行うセクションです。 開発とは少し離れますが、プロデューサーやディレクターと連携してゲームをより効果的にアピールするための活動を行います。

　マスメディアともつながりが深く、開発とはまた違った意味で泥臭くこつこつと業務を推進する能力が必要です。どのような媒体にどのタイミングで情報を送り、投資するかによってモバイルゲームの露出や認知度が大きく変わります。開発するだけではゲームを遊んでもらうことはできないのです。

■ 完成したゲームを届ける窓口

まとめ

▶ ゲーム開発には様々な役割を担うメンバーが必要

▶ 開発内容の複雑化によって細分化が進んでいる

▶ 役割は違っても、お客さまに最高の体験を届けるという目的は共通

03 モバイルゲーム開発の ステップ

モバイルゲーム開発は各社様々な手法を試行錯誤しながら進歩しています。完成までにどのようなステップを経ているのか、一般的な例を参考にご紹介します。本書では今後もこのステップに応じた内容をご紹介します。

● 企画立案

　プロジェクトの始まり方にもバリエーションがあります。会社や事業部の方針として計画しているもの、企業間のコラボレーションによって座組から決まるもの、新しいチャレンジを行うためにメンバーからプロジェクトアイディアを募るもの…。いずれにしても、ゲームを作ろう！と決めて最初に必要になるものは**企画**です。

　そのゲームがどのような遊びを楽しめるのか、どのような体験を提供できるのか、様々な観点から検討して提案し、仲間や資金を集めるための**企画**を検討し、それをまとめたものが**企画書**になります。企画書の内容をどの程度まで詰める必要があるのかはその時々によって変わりますが、大切なのはそれを読む人々が賛同し、行動するための原動力になることです。近年は開発規模が大きくなっていることもあり、企画承認のハードルがより高いものになっています。

■ 企画は仲間を集めるための最初の武器

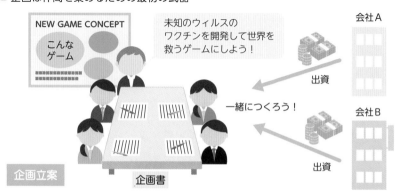

NEW GAME CONCEPT
こんなゲーム

未知のウィルスのワクチンを開発して世界を救うゲームにしよう！

会社A

出資

一緒につくろう！

会社B

出資

企画立案

企画書

● プロトタイプ版の開発

　ゲーム開発が始まり、まず最初に作るものが『モック』や『プロトタイプ』と呼ばれます。企画した時点では、企画者の脳内にできあがっているイメージは壮大でとても楽しいものになっています。それを信じて資金や仲間が集まりプロジェクトが始まるのですが、その企画が本当に事業として成立できうる内容や体験になるのかを判断する必要があります。

　そのためにプロトタイプ版と呼ばれる、**コア要素をシンプルに表現したもの**を開発し、それを元にプロジェクトを進めるかどうかを判断します。この時点では表現も簡易でバグも多いため、判断をする側にもしっかりとした技量や眼力が必要になります。

■ プロトタイプ開発で企画のコアを判断する

プランナーの想像

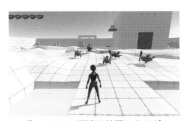

ゲームのコア要素は確認できるが、見た目は簡素なプロトタイプ版

企画書

● アルファ版の開発

　無事プロトタイプ版での判断を通過したプロジェクトは、**ゲーム全体の基本サイクルを含めたバージョン**として『アルファ版』の開発に着手します。

　モバイルゲームではプロトタイプ開発で作るコア要素以外にも、ゲーム全体をどのように周遊してもらうかというゲームサイクルが非常に重要になります。その全体のUXを確認し、またプロトタイプでは簡易な表現で押さえてい

た箇所の一部を完成版と同様の品質に置き換え、ビジュアル的な方向性などの確認作業も行います。また、プロトタイプ版の確認時に不足している要素の追加などもここで検討し、設計します。このステップでゲーム全体の方向性が決まっていきます。

■ アルファ版でゲーム全体の方向性を確認する

プロトタイプ

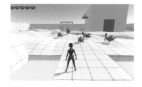

見た目が簡素なプロトタイプ版

アルファ版

見た目も一部作り込まれたアルファ版

● ベータ版の開発

　アルファ版によってゲーム全体の方向性を確認できたプロジェクトは、それをどんどん肉付けする『ベータ版』の開発に進みます。**配信時に必用なボリュームを想定し、機能やアセットなど必要なものを大量に量産する**時期です。

　大きな開発ステップの区切りとしてはここが最後となるため、完成品をイメージしたゲーム全体の最終チェック、また追加開発の判断なども慎重に行います。ここで配信開始時のゲームがほぼできあがります。

■ ゲーム全体の肉付けをする

エリアを増やす

効果音を追加

敵の種類を増やす

武器を増やす

アイテムを増やす

：

デバッグとベータテスト

　ベータ版開発中盤から『**デバッグ**』作業を並行して行います。デバッグチームからは、ゲームの不具合の報告、またプレイした上でUXを阻害する要因の修正提案などが上がってきます。

　開発チームはそれらの対応方法や時期を判断し、開発を進めます。また終盤では一般ユーザーを招待して『**ベータテスト**』を行います。これによって開発側が想定していたゲーム設計が予想どおりになっているか、また不具合などが発生しないかを確認して対応します。

■ デバッグとベータテストでゲームは完成に近づく

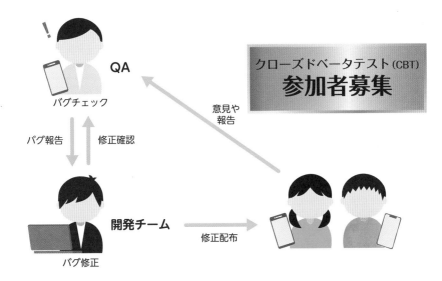

QA
バグチェック

クローズドベータテスト (CBT)
参加者募集

意見や
報告

バグ報告　　修正確認

開発チーム

バグ修正

修正配布

配信と運用

　様々なステップを経てゲームが完成すると、いよいよ配信の準備に取りかかります。OSごとのストアにアプリを提出し、審査を受けて通過するといよいよ配信です。コンシューマーのパッケージゲームではここでプロジェクト終了になるものもありますが、モバイルゲームの場合はむしろここからが本番、運用が始まります。

ユーザーの動向チェック、季節ごとのイベント配信、バグの改修や機能追加も合わせて、より良い遊びを提供するための開発を継続します。課金を直接行わず広告収入によって利益を得る広告型のモバイルゲームの場合でも、配信後のユーザー層に合わせてどの広告を出すかなどチューニングを行うことが重要です。いずれにしても、ゲームのコア要素をどのように追求していくか、またそれをどう届けるかという終わりのない戦いの始まりでもあります。

■ モバイルゲームは運用が本番

運用開始！

開発チーム

バグ修正

新エリア解放

新エリア解放

ガチャ追加

開発は続いていく…

イベント開発

新キャラ追加

新イベント情報

新キャラ登場！

まとめ

▶ **プロジェクトの始まりは企画立案から**

▶ **複数のステップごとにチェックを行い配信に向けて開発を行う**

▶ **モバイルゲームは運用が重要**

04 モバイルゲーム開発における チーム運用

03 ではモバイルゲーム開発におけるステップを紹介しました。ここでは各ステップがどのような規模感で、どのようなメンバーが活躍するかのイメージをお伝えします。

◉ 企画立案時のチーム

　プロジェクトの成り立ちによっても変わりますが、ゲームのコアな体験を検討するこのタイミングでは、多くの人間が動く必要はありません。プロデューサーとディレクターに加えて、プランナーやアート、エンジニアのリーダーたちを中心に話し合いを進める場合が多いでしょう。**プロジェクトの起点**となる『企画』を元に想像力を発散させ、一旦集束させるためには少人数で積極的に対話する必要があるからです。

　ここで完成する『企画書』を持って様々な組織に働きかけ、プロジェクトが始まることになります。

■ 企画立案は少人数でしっかりと

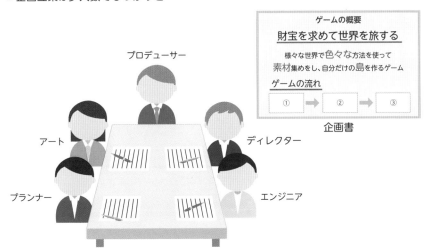

● プロトタイプ版開発時のチーム

　ゲームのコア部分を実験的に作るプロトタイプ版開発でも、それほど大きな
チームにはならない場合が多いと思われます。**ディレクター、プランナーとエ
ンジニアを中心**に、だいたい10人前後のメンバーで進めます。アセットなど
ビジュアルに関するものはアセットストアから購入した仮素材を使い、スク
ラップ＆ビルドを繰り返します。並行してゲーム全体のプレイサイクルを含め
た仕様もプランナーチームを中心に作成します。

　それとは別に、プロデューサーは開発から運用に向けての資金面の計画を立
て、アートは企画のイメージを伝えるための初期イメージボードなどの制作を
進めます。

■ プロトタイプでも少人数でスクラップ＆ビルド

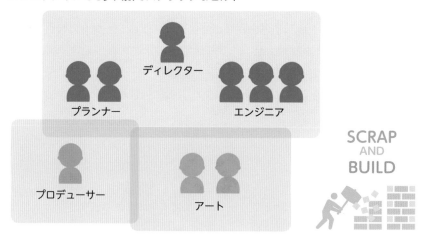

● アルファ版開発時のチーム

　アルファ版の開発ではチーム体制を拡充し、全体のプレイサイクルを作るこ
とになります。コアゲームやプレイサイクルなどの内容を踏まえて**ディレク
ターやプロジェクトマネージャー**が制作スケジュールを立て、それを元に必要
なメンバーをアサインして進めます。

　アルファ版開発初期では細部仕様が決まっていない場合も多いためプロトタ

イプ開発時とそれほど人数変化がない場合もありますが、基本的には徐々にメンバーが増えていくタイミングになります。

　ここでの人数や構成は各社ごとに大きく変わる部分ではありますが、制作する内容が多岐にわたりボリュームも一気に膨らむため、人数コストを抑えるとその分開発期間が長くなります。

■ アルファ版では徐々にメンバーが増えていく

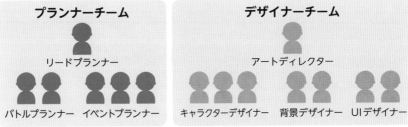

● ベータ版開発時のチーム

　ベータ版の開発に進むと、ほぼ完成形が見えている状態になっています。ここで圧倒的に必要になるものがアセットやサウンドの物量ですが、アルファ版の最終段階でプロジェクトの中心となるメンバーはほぼ動員されている状態です。

　社内のメンバーだけでは物量をこなすための工数が不足してくるため、**社外の協力会社と連携を取**って積み上げていくことになります。ここもプロジェクトや各社の状況によって人数や構成は変化しますが、アルファ版と同様に人数コストを抑えるとその分開発期間が長くなります。開発が順調に進んでいる場合にはここで一気に人数を動員してゴールを目指します。

■ 社外の協力会社とも連携して物量をこなす

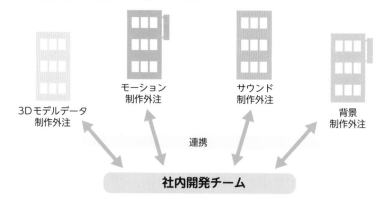

● デバッグ時のチーム

　デバッグからベータテストでは、開発チーム自体はベータ版開発時から大きな変動はありません。シンプルにデバッグチームが参加するのみという場合が多いのではないでしょうか。

　デバッグチームも最初はリーダー数人で分担してデバッグ項目の検討を行い、開発チームと相談して項目を決定します。その後、開発期間に応じて人員を増加させて完成までデバッグ作業を続けることになります。

■ デバッグチームが参加して完成を目指す

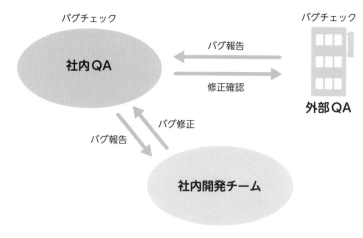

● 運用時のチーム

　運用開始後は予算に応じて人員の再配置を行う場合があります。イベントや新規機能の追加をどの程度行うのか、また広告などの露出はどのタイミングで行うのかなど、運用計画によって増減します。最近のタイトルでは全体で50人〜100人程度のチームになることも多くなっています。

　また、運用がある程度軌道に乗ってくると、大きく『**通常運用するチーム**』と『**新規機能を開発するチーム**』に分かれることがあります。これはひとつのチームが通常運用をやりつつ新規開発を行うと開発タイミングのずれが大きくなりロスが増えてしまうためです。それぞれにどの程度人数を割くかはプロジェクトによっても変わります。

■ 運用後は構成が変化する

通常運用チーム　　　　　　　　　　　　新規機能開発チーム

まとめ

▷ **企画立案からプロトタイプまでは少人数で行う**

▷ **アルファ版から徐々にチームの人数が増える**

▷ **運用後はチームを再編成する場合が多い**

モバイルゲーム開発の基礎知識

1

05 モバイルゲーム開発の技術要素

ここでは、モバイルゲーム開発でよく使われるクライアント側のゲームエンジン、サーバー側のクラウドサービス、アセットのオンラインストア、オープンソースソフトウェアについて解説していきます。

● モバイルゲーム開発環境

初期のモバイルゲーム開発では、自前でゲームエンジンを作成して、ゲームサーバーも自前で構築していることがほとんどでした。

例えば、iPhoneとAndroidでは開発環境も、開発言語も全く異なるものでした。

しかし現在では後ほど紹介する、既成の**ゲームエンジン**や、**クラウドコンピューティングサービス**を使うことでデバイスに依存することなく、同じ開発環境と言語でゲームを開発することができるようになりました。

これにより、ゲーム開発の速度や信頼性を上げることができ、モバイルゲーム開発の敷居も下がりました。

■ ネイティブ開発とゲームエンジン開発

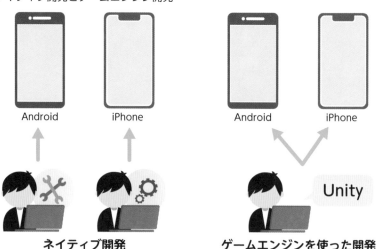

● ゲームエンジン

　クライアント側のモバイルゲーム開発ではゲームエンジンが使われることがほとんどです。ゲームエンジンというのは、**ゲームを作るための各種機能やツールを備えた統合開発環境**のことで、Windows、Mac、Linux等で動かすことができます。

　近年、最も使われているゲームエンジンはUnityです。Unityとは、ユニティ・テクノロジーズ社が開発しているゲームエンジンです。3Dのゲームも2Dのゲームも作成することができます。Unityで使用するプログラム言語は、プラットフォームに関係なくC#で、比較的習得しやすい言語です。広く普及しているため、書籍やネットの情報も非常に多く、困ったときも検索すれば答えを見つけやすいです。Unityは収益に応じてライセンス料を支払う必要があります。

　また、Epic Games社が開発しているUnreal Engine 4というゲームエンジンもあります。Unreal Engine 4はコンソールゲーム機等のハイエンド向きのゲームエンジンでしたが、近年ハードウェアの性能向上により、モバイル端末のゲーム開発でも使用されることが増えてきました。Unreal Engine 4で使用するプログラム言語は、ブループリントと呼ばれるノードベースのビジュアルスクリプトシステムです。エンジン自体はC++言語で作成されていて、ソースコードのすべてが公開されています。C++言語でゲームコードを作成することもできますし、プラグイン等の作成もできます。Unreal Engine 4も使用は無料ですが、売上に応じてロイヤリティを支払う方式です。

　これらゲームエンジンで作成したゲームは、iOS、Androidのモバイル端末はもちろん、Windows、Mac、Linuxのデスクトップ、PlayStation4、PlayStation5、Xbox One、Nintendo Switchのコンソールゲーム機、Oculus VR、HTC Vive、PlayStation VRのバーチャル・リアリティ、Microsoft Hololensのミックスド・リアリティ、Webブラウザ等、多様なプラットフォームに対応しています。

■ ゲームエンジンを使ってマルチプラットフォームに展開

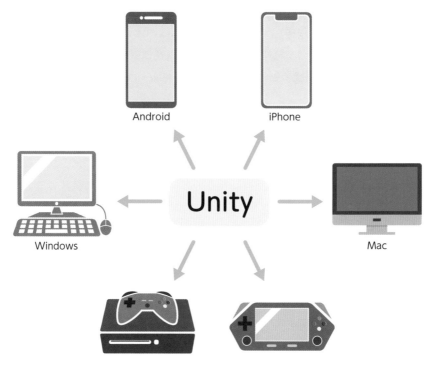

ゲームエンジンでマルチプラットフォーム展開

● オンラインストア

　UnityやUnreal Engine 4でゲームを制作するときに必要な、3Dキャラクターモデル、サウンドデータ、画像データ、背景データ、プログラムコードなどの**多様なデータを販売している**オンラインストアがあります。

　Unityはアセットストアと呼ぶオンラインストアが、Unreal Engine 4にはマーケットプレイスと呼ぶオンラインストアがあります。

　これらのオンラインストアから必要なアセットや機能を購入することにより、すべて自前で開発する必要はなくなり、**開発速度も上げる**ことができます。オンラインストアストアを活用することで、素早くプロトタイプを作成することもできるでしょう。

■ オンラインストアでアセット購入

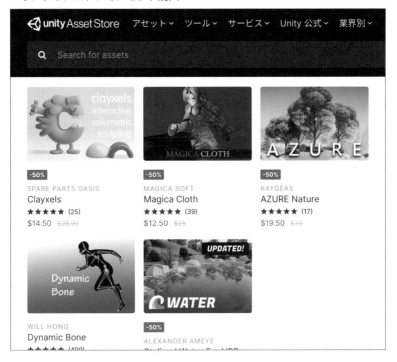

● ゲームサーバー

　現在ゲームのサーバーを構築するのに最も使われているのはAWSでしょう。AWSは、Amazonが提供しているクラウドコンピューティングサービスの総称で、100以上のサービスがあります。

　Googleもモバイルに向けたクラウドサービスとして、Firebaseを提供しています。Firebaseもモバイルゲーム開発に便利で簡単に実装できるサービスを多数提供しています。

　ゲームサーバーで使うサービスとしては、**認証、WebAPI、アナリティクス、リモートプッシュ通知、クラッシュ解析、データベース、クラウドストレージ**などがあります。

　近年、Unityも含めて各社とも、サーバー側で機械学習を使ったAIに力を入れており、今後のゲームに活用されてゆくことでしょう。

■ クラウドコンピューティングサービスを使ったゲームサーバー

● オープンソースソフトウェア（OSS）

オープンソースソフトウェアは、利用目的を問わずにソースコードを使用、再利用、改変、再配布が可能な、**無償で公開されているソフトウェア**です。

多くの人に利用されているOSSは、信頼性や安定性に優れた品質の高いものが多いため、制作期間を短縮するためにゲーム開発にはクライアント側もサーバー側も広く使われています。

また、ソースコードが公開されていることにより、不具合があれば自前で修正することができます。商用のソフトウェアと違い、元の開発者には不具合の修正の責務はありません。

無償で使えますがライセンス形態は複数あるため、内容はよく確認しておく必要があります。代表的なOSSライセンスには、MIT、GPL、MPL、BSD、Apache などがあります。MITが比較的使いやすいと思います。オープンソースでは著作権表示および本許諾表示を要するものがあるのでその点は注意が必要です。

■ オープンソースソフトウェア

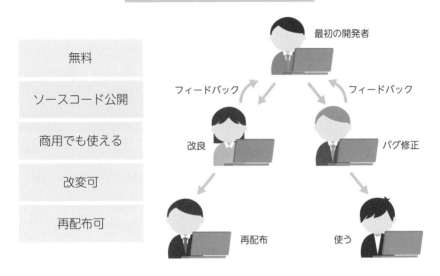

オープンソースソフトウェア (OSS)

最初の開発者

無料

ソースコード公開

商用でも使える

改変可

再配布可

フィードバック　　　　　　　　　　フィードバック

改良　　　　　　　　　　　　　バグ修正

再配布　　　　　　　　　　使う

まとめ

▷ モバイルゲームはゲームエンジンを使って開発する

▷ ゲームサーバーはクラウドコンピューティングサービスを活用する

▷ オンラインストでアセットを入手したり、オープンソースソフトウェアを組み込んで素早く開発する

06 モバイルゲーム開発の手法

モバイルゲーム開発で行われている開発進行の手法について解説します。昔は
ウォーターフォールと呼ばれる手法が用いられていましたが、現在ではソフトウェ
ア開発と相性の良いアジャイル開発で行い各種クラウドツールが活用されています。

● ウォーターフォール開発

　ウォーターフォール開発の手法は、「企画」「設計」「実装」「テスト」「運用」と
いうような工程を順に進行していきます。原則として前工程が完了しないと次
の工程に進みません。この手法の利点は後戻りを最小にすることで、工程管理
がやりやすいことがあります。

　しかし、最初にすべての設計を済ませてから実装を開始するため開発の着手
までの時間がかかります。またテストで不具合が出ると手戻りが大きく、工数
が膨らんでしまいます。開発途中での仕様変更にも柔軟な対応が困難になりま
す。ゲームのソフトウェア開発には必ず、予測不可能な事態が発生します。そ
のため、スケジュールどおりに進むことはありません。ウォーターフォール開
発は工業製品の開発手法には向いているかもしれません。

■ ウォーターフォール開発のスケジュール

1月	2月	3月	4月	5月
企画				
	設計			
		実装		
			テスト	
				運用

● アジャイル開発

　上記のようにウォーターフォール開発はソフトウェア開発に向かないため、それに変わるアジャイル開発という手法が出てきました。アジャイル開発は、仕様は変更されることを前提にしています。ゲーム開発では、実際に動かしてみないと面白いかどうかを確認できないので、仕様の変更や機能追加は必ず起きます。

　アジャイル開発の進行方法は、**開発単位（イテレーションと呼ぶ）** を適切に小さく分けて、1つのイテレーション内で「**企画→設計→実装→テスト**」と開発サイクルを納得できるまで繰り返します。1つのイテレーションは1〜2週間というような短い期間を設定します。このように進行することにより、ゲームとしての問題を早期に発見でき、仕様変更に臨機応変に対応できるため、モバイルゲーム開発にはとても相性の良い開発手法と言えます。

■ アジャイル開発はイテレーション内で開発サイクルを回す

イテレーション1	イテレーション2	イテレーション3	イテレーション4	運用
企画	企画	企画	企画	
設計	設計	設計	設計	
実装	実装	実装	実装	
テスト	テスト	テスト	テスト	

● プロジェクト管理

　プロジェクトの開発進行を管理するのに昔はExcelを使うこと多かったですが、Excelでは複数人で共有や編集に問題がありました。Googleのスプレッドシートが出てきてからは、複数人で共有して編集できる便利さからスケジュール管理にも使われるようになりました。現在ではスケジュール管理に特化した

Webサービスが良く使われています。Webのスケジュール管理サービスを使うことの利点は、各々のPC等にアプリケーションソフトをインストールする必要がなく、ネットが繋がるデバイスでさえあれば使え、**複数人で共有し、編集も同時にできる**ことです。またスマートフォン専用アプリが用意されている場合は、いつでも自分のタスクを確認できたり、期限の通知を受けたりすることもできます。

　Web上のスケジュール管理サービスとしては、Backlog、Jira、Asanaなどがあります。

■ Webサービスのプロジェクト管理で、共有や同時編集ができる

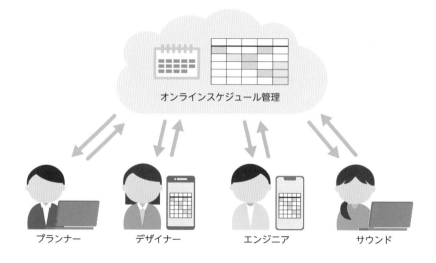

オンラインスケジュール管理

プランナー　　デザイナー　　エンジニア　　サウンド

◯ Wiki

　企画書、仕様書等を作成するのも、以前はWordやExcel等で作成されていましたが、昨今ではクラウドツールが使われています。やはりクラウドの場合ネット接続環境があればいつでも使えることや、**共有、共同編集、情報の一元化**ができることに大変メリットがあります。そのためノウハウや技術情報等のナレッジベースの作成にも使われています。

　情報が蓄積されていき膨大になっても、検索することで目的の情報を探すこともできます。またユーザーの属する部署やチームや役割によって、アクセス

できる範囲やできることを細かく設定することもできます。Wikiもまたスマートフォン用のアプリが提供されていて、いつでもどこでも情報にアクセスすることができます。また変更があった場合に通知機能も備えています。

よく使われているWikiサービスとしては、ConfluenceやBacklogがあります。

■ Wikiで情報の一元化

オンライン情報共有

企画書　　　　　仕様書　　　　　議事録　　　　ナレッジベース

● コミュニケーション

開発中のコミュニケーションにも**チャットやオンラインビデオ会議ツールが活用**されています。仕様などの確認やプランナー、デザイナー、エンジニア間での使用確認やデータの進捗状態の通知など、近くに座っている場合でも、チャットを使って連絡します。それは、履歴を残しておくためでもあります。また現在作業している仕事を途切れさせることもなく、一段落してから確認することができます。

同じ会社でも複数の拠点で開発を進めている場合や、複数の会社で一つの仕事を進めている場合のコミュニケーション手段としては、オンラインビデオ会議ツールが使われます。パソコンやスマホで参加することができ、パソコンの画面の共有や、ホワイトボードを共有してみんなで書き込んだり、参加している人たちをグループ単位に別のルームに分けたりできます。

チャットやオンラインビデオ会議ツールとしては、チャットワーク、Slack、Zoom、Google Meet、Microsoft Teamsなどがあります。

● バグ管理

　ゲームが完成に近づき、動作確認を行うためにバグチェックを開始すると、見つかったバグを管理する必要がでてきます。これもまた、**バグトラッキング用のクラウドツール**が活用されています。

　バグトラッキングツールでバグ管理を行う方法は、まず動作テストを行う内部や外部のQA（Quality Assurance:品質保証）で見つかったバグが登録されます。次に、そのバグを修正するのに適切な担当者に割当されます。バグの割当を受けた担当者は、修正に着手したら着手状態（ステータス）に変更します。修正が完了したら、ステータスを修正完了にしてQAに戻します。修正完了となりQAに戻ってきたバグは再度動作確認を行います。ここで修正が確認できたら、修正確認済にステータスを変更します。もしバグが再発した場合は、再度担当者に割り当てられます。

　このように、バグの担当者を順に設定していき、現在どのような状態になっているか確認することができます。

　バグトラッキングツールとしては、Jira、Backlog等があります。

まとめ

- ▷ モバイルゲーム開発進行の手法にはアジャイル開発が適している
- ▷ プロジェクトの進行には**各種クラウドツール**が活用される
- ▷ 品質管理にもクラウドツールが活用される

2章

プロジェクト開始

前章ではモバイルゲーム開発の概要と流れをまとめ、その全体像をおおまかに把握していただけたかと思います。ここではいよいよプロジェクトの始まり、企画の立ち上げ時期についてご説明します。まずは企画の検討、そしてプロジェクトの発足からメンバーのアサインまでの流れ、そして重要なマネタイズの基本についてお伝えします。

07 プロジェクトの目的

ゲームの開発という大きなプロジェクトはいったいどのように始まるのでしょうか。ここではその目的と生い立ちによって発生するいくつかのバリエーションをご紹介します。

● プロジェクトのゴールとは

　ゲーム開発のプロジェクトにおけるゴールとは、まずは**ゲームという製品を完成させること**になります。これは企業、同人問わず同様です。そして企業に求められることは利益です。

　ゲームは感性に問いかける部分もあり、アートとしての側面も持ち合わせています。しかしながら、組織やメンバーを次のプロジェクトにつなげるためには目の前のプロジェクトによってゲームを完成させ、利益を上げることが条件になります。アート性と商業性、両方のバランスを頭に置いておくことは重要です。

■ プロジェクトのゴールは製品を完成させ利益を得ること

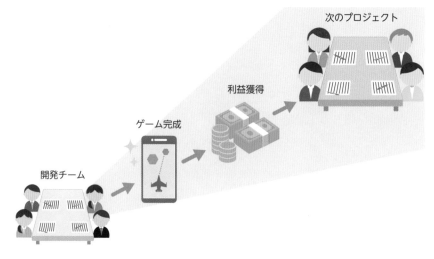

次のプロジェクト

利益獲得

ゲーム完成

開発チーム

● 自社IPの創造を目的とした制作

IPとは『Intellectual Property』の略で、**知的財産**を意味します。**自社によるユニークなキャラクターや物語を創造し、新たな体験を創り出すこと**を目的としています。全てを自分たちで判断して制作しゼロから進むため、やりがいはありつつも難易度が非常に高いプロジェクトです。

そして成功した場合、その利益を全て自社で得ることができます。ゲーム本編の売上に加え、そのIPを他社と協力して展開することによってより大きなものにすることもできるでしょう。

開発への投資も大きくなるためリスクは高いものの、リターンも大きくなる可能性があります。また開発は自社で行い、パブリッシャーに宣伝や販売と流通を依頼する場合もあります。

■ 自社IPの創造はハイリスクハイリターン

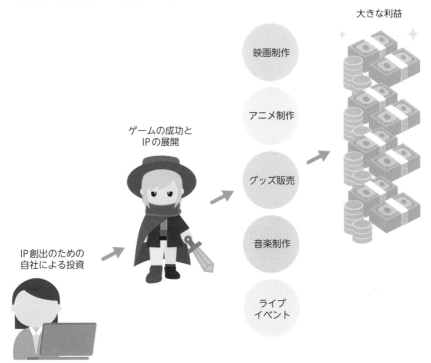

◉ 他社IPの伸張を目的とした合同制作

　既に世に出ているものも含め、他社が所有しているIPを活用し、**合同でゲームを制作することによってその世界をさらに伸張させることを目的**としています。IPに関しては所有している会社がコントロールするため、ゲーム制作に集中できることが強みです。ただしIP自体のイメージを守ることも重要になるため、その確認とすり合わせにエネルギーが必要となることもあります。開発への投資割合は協議によって変わるため一概には言えませんが、自社IPの開発に比べて低く抑えることができます。

■ 他社IPを活用した合同制作はコントロールも重要

死ぬのはダメ

血は出ない

暴力はダメ

キャラクター
イメージ

◉ 制作委員会方式による制作

　ゲームだけではなくアニメや漫画など様々な媒体に展開する**メディアミックスを行う制作委員会に参加し、そのゲームを担当し開発すること**を目的としています。この場合もIPの開発は他社が行うことが多いですが、こちらからも意見を出しIPのブラッシュアップに参加することができることもあります。自社IP制作と他社IP制作のハイブリッドのようなイメージが近いかもしれません。メディアミックスが前提となっていることが多いため、配信後の露出とそれによるプレイヤーの増加への期待は大きくなります。

■ 制作委員会への参加によってより大きなIPを創造する

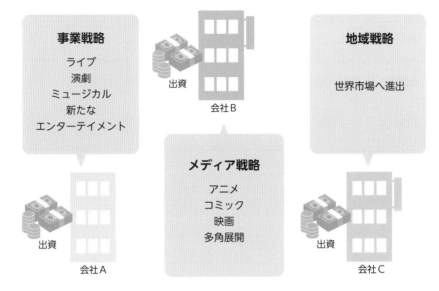

● パブリッシャーからの依頼による制作

　パブリッシャーが企画したタイトルの開発委託を受け、**デベロッパー（開発会社）に徹してゲームを開発すること**を目的としています。パブリッシャーの企画を丁寧にそしゃくし、ゲームに落とし込む職人技を発揮することを求められます。基本的にはパブリッシャーが開発費を全て出すため自社のリスクはほぼなくなりますが、リターンも最小限となります。

■ パブリッシャーの企画を開発する職人技

● 少人数チームによるインディーゲーム制作

　開発規模が巨大化する一方のゲーム業界ですが、それに反するように小規模のメーカーも増加しています。**小規模のチームで自由に、かつ利益を上げるゲームを開発すること**を目的としています。

　コンシューマー全盛期では難しい選択肢でしたが、スマートフォンやPCゲーム市場の拡大によって挑戦する企業や個人開発者が増えてきました。これは開発に使用するミドルウェアの発達に伴い、少人数でもクオリティーが高いゲームを制作することができるようになったこと、そしてネットワークインフラの発展によって遠隔地にいる仲間と連携を取りやすくなっていることも要因となっています。またゲームハード開発会社も配信への門戸を開き、ますますハードル自体は下がっています。この場合、自社IPの開発スタイルに近い状態になります。

　本書でお伝えする運用型のモバイルゲームとは少しずれますが、基本的な開発内容は近しいものかと思います。開発規模が小さい分、尖ったタイトルを制作しているメーカーが活躍しています。

■ 小規模メーカーにも門戸が開かれている

少人数で
尖ったタイトルを開発

スマホやPCに展開

● 少人数チームによる同人制作

　こちらも少人数によるゲーム開発スタイルですが、商業目的ではないこと、制作内容に二次創作も含まれることが特徴です。**制作者たちが可能な範囲で出資、また制作に参加して自由に制作すること**が目的です。名目上は商業目的のグループではないため、学生のうちから本格的なゲーム開発に参加するチャンスでもあります。二次創作に関しては著作権などに注意する必要もありますが、現代の日本の文化に深く根付いています。

■ 同人制作はより自由なスタイル

少人数のチーム

自由な発想のゲーム

二次創作を公認している
Unity ちゃん

まとめ

- ▸ ゲーム開発ではアート性と商業性のバランス感覚が重要
- ▸ 規模の違いはあれどプロジェクトのゴールは共通
- ▸ 近年ではインディーゲーム開発も活発になっている

08 企画の検討

アートでもあり商品でもあるモバイルゲーム。そのプロジェクトの始まりとも言える「企画」とはどのように検討されるのか、その意義も含めてお伝えします。

● 企画とは何か

　そもそもモバイルゲームの企画とはいったい何を指しているのでしょうか？キャラクター、ストーリー、グラフィックやサウンド、ゲームシステム、いずれもゲームを構成する要素ではありますが、残念ながらこれらを集めただけでは企画にはならないのです。

　どんなに魅力的なゲームをイメージしていても、それを具現化して、それに関わった人の生活を支えることはできません。つまり、ゲームのイメージに加えて、それを**具現化するための制作手段、**そしてメンバーの生活を支える、つまり**収益を得るための販売手法**まで含めて計画することで初めて企画と言えるものになるのです。

■ 企画はゲームのイメージだけでは完成しない

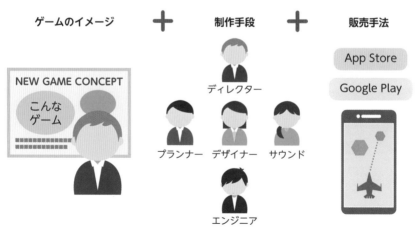

| ゲームのイメージ | ＋ | 制作手段 | ＋ | 販売手法 |

NEW GAME CONCEPT
こんなゲーム

ディレクター
プランナー　デザイナー　サウンド
エンジニア

App Store
Google Play

● なぜそのモバイルゲームを作るのか

おそらく、この本を手に取った方は少なからずゲーム制作に興味があり、チャンスがあれば参加してみたいと考えている方が多いと思います。もし自分の好きなようにゲームを作ることができたらと夢を見ることもあるでしょう。しかし前の項目でお伝えしたとおり、それだけではゲームを完成させることすらできないかもしれません。

では自分の好きなことはできないのか？というとそうでもありません。企画を完成させる要件を満たした上で自分の趣味嗜好をいかに混ぜ込むか、ここに企画の醍醐味があります。組織にとっての価値を持たせた上で、自分のクリエイティビティをぶつける、それがモバイルゲーム企画を作る意味のひとつです。

● 企画が完成するまでの道筋

ゲームのイメージ、制作手段、販売手法の3つを含めて企画となるとしましたが、それではどこから考えるのがよいのか？となると、これもまたバリエーションが多くなります。組織によって得意不得意な領域があるため、それによって企画が完成してプロジェクトが開始するまでの方法が変わるからです。基本的には得意領域をベースに検討することが多くなるため、その道筋に対するノウハウが蓄積していきます。とは言え、それを続けるだけでは時代の変化に対応することができなくなることもあるため、企画を立ち上げるには**その組織の強みを知った上で時流を読む**という技術が必要になります。

■ 企画が完成するまでの道筋は得意領域によって変わる

● 不得意領域をカバーする方法

それでは、不得意な領域をカバーする方法はどのようなものがあるかを考えてみましょう。例えば開発技術力はあるものの、キャラクターデザインやストーリーを作ることが苦手な組織の場合などはどうするでしょうか?

最も簡単な手段は外部がすでに制作しているIPを借りることです。既に成立しているIPであればゼロから検討する労力は不要ですし、一定のファンがいる段階まで育っていることがほとんどです。

そうでない場合はそれらが得意なメンバーを新たに導き入れる、既存のメンバーからできそうな人をみつけて育成するなどがありますが、いずれも難易度は高くなるでしょう。モバイルゲームの制作規模や期間が長大化していることもあり、**不得意領域は外部と連携する**パターンが多くなっています。

■ 不得意領域は外部の力を活用することが近道

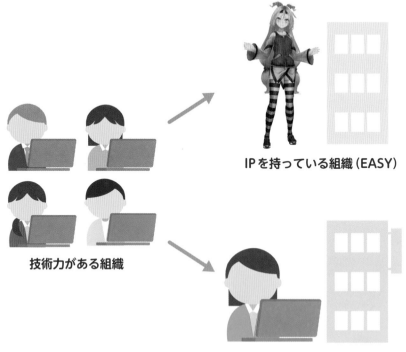

技術力がある組織

IPを持っている組織 (EASY)

IPを作れる外部メンバー (HARD)

050

● 座組を考える

　ここまで企画を検討してくると、どこまで自分の組織でまかない、どこから
を外部と連携するべきかがある程度明確になっていると思います。すると次に
その外部とはどのように連携するのか？という課題にぶつかります。自分や組
織に実績がない場合、大きな相手と連携することが難しくなります。

　例えば初めてゲームを作るようなチームに対して、世界的に有名なIPを貸
し出すようなIPホルダーはいないでしょう。 とはいえあまりにレベルが低い
相手と連携しても同様にメリットがありません。 このバランスが難しいとこ
ろですが、連携する相手を見誤ってしまうとプロジェクトは頓挫する可能性が
高くなります。企画は**座組がどこまでバランス良くできるか**によって成功確度
が変わるのです。

■ お互いの価値を最大化するためのバランスを意識する

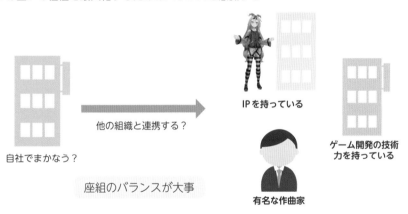

自社でまかなう？

他の組織と連携する？

座組のバランスが大事

IPを持っている

ゲーム開発の技術
力を持っている

有名な作曲家

まとめ

- ▶ ゲームのイメージ、制作手段、販売手法まで含めて初めて企画になる
- ▶ 得意、不得意を見極めて時には外部との連携も必要
- ▶ 企画を成功させるためには座組の検討が重要

09 コンセプトと UX（体験）イメージの設定

いよいよモバイルゲームにおける遊びの中心となるコンセプトとUX（体験）イメージの検討に入ります。こちらも手法は様々ですが、どのようなポイントに注意して検討するかをご紹介します。

● コンセプトとは何か

コンセプトとは、**そのモバイルゲームの根幹となる設計指針**と言えます。ゲームの内容を考えていくと、あれもおもしろそうだ、いやこれも、とどんどんアイディアが発散してしまうことがあります。そんな時に立ち返るもの、それが**コンセプト**です。どんなに良く思えるアイディアでも、コンセプトと相反する内容であれば再検討するか、場合によっては見送りにした方がよい場合もあります。シンプルに明確に表現できるコンセプトを持っている企画は、その後のブレも少なくなることが多いです。

● UXイメージとは何か

UXとは **User Experience** の略で、まさにユーザーが体験することを意味します。そのモバイルゲームを通じてどのような体験をさせたいかを設計することが重要です。

体験とひとことで言ってしまうとピンと来ないかもしれませんが、言い換えるならば、**感情を揺さぶることができるポイント**となります。人生の中で新しい出来事に触れると新鮮な気持ちと、同時に何かしらの感情が発生します。

プレイした方々が全員設計したとおりに感情を揺さぶられるということはないのですが、ここでこういう感情を刺激したい！というポイントはしっかり考えておく必要があります。

■ UXイメージとは感情を刺激する体験のイメージ

怒り　楽しい

喜び　悲しい

UXとUIの違い

UIは **User Interface** の略で、ユーザーとゲームプログラムの間に立つ入力装置、つまり画面の表示物やそれに付随するボタンなどを指します。UIとUX、全く違う単語ですし意味合いも違うのですが、モバイルゲーム業界では混同して扱われていた時期がありました（さすがに最近はあまり見かけなくなりました）。

モバイルゲーム開発の初期はブラウザゲームが中心でした。そのころはウェブ制作業界から移行してきた開発者が増えた時期でした。そして、ウェブの体験と言えば表示レスポンスの良さやクリック時の気持ちよさから得られる結果を指すことが多く、結果としてUIとUXを混同して捉えている方がいました。快適なUIによる心地よい操作感はモバイルゲームにも欠かせないものですが、ゲームのUXと言えばあくまでも**ゲームプレイによる体験から得られるもの**を指します。開発メンバーと話をする際には何によるUXなのかを明確にしないと、会話がかみ合わずちぐはぐになってしまうことがあるかもしれません。

こぼれ話になりますが、UIはUXを120%にすることは非常に難しいですが、0%にすることは簡単です。UIとUXは別物ではありますが密接な関係にあることは間違いありません。

コンセプトとUXイメージの関係

コンセプトもUXイメージもゲームの中心となる情報ですが、ではそのふたつはどう関係するのかというお話です。上の項目で、コンセプトは指針、UX

は体験だとお伝えしました。『指針』と『体験』と単語を並べると想像しやすくなるのではと思いますが、指針から発生する出来事があるからこそ体験もあるのです。つまり、**UXはコンセプトという土台の上に構築するもの**と言えます。コンセプトに基づいてゲームデザインを進め、その上にどのような感情を刺激する体験、UXを盛り込んでいくかと考えていくとバランス良く検討できる可能性が上がります。

■ コンセプトはUXイメージを内包している

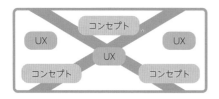

● コンセプトの考え方

　コンセプトの考え方は様々あるためここでは一例を示すのみになりますが、ゲームに関して、**行き詰まった時には『動詞』1単語から考える**と進めやすくなるかと思います。

　例えばアクションゲームなら『走る』『飛ぶ』、RPGなら『知る』『成る』などがベーシックなものとして挙げられるのではないでしょうか。これらの動詞に対して『何を』『どのように』などの情報を加えていくと具体的になっていきます。どのような動詞単語にどのような情報を加えるかのバリエーションからどうやってオリジナリティを出すかが腕の見せどころです。

● UXイメージの考え方

　UXについてもコンセプトと同様で考え方に正解はありません。ただしコンセプトが定まっていればUXイメージはその上に乗るものなので、迷った時は**コンセプトに立ち返って考える**ことで解決の糸口が掴めるかもしれません。ゲームのワンシーンを通じて得られる体験がコンセプトを体現しているかどうか？ その刺激はコンセプトに繋がっているか？ このように考えることで、思

い浮かべたUXイメージがそのコンセプトの上に乗り、さらにそれを高めることができるかを考えることができます。もちろんUXイメージから逆算してコンセプトを考えることもできると思います。発想は自由に、しかし理論立ててコンセプトとUXイメージを融合させることが肝心です。

● 何のために設定するのか？

それでは、コンセプトとUXは何のために設定するのでしょうか？ まずはそのモバイルゲームがどのようにおもしろいのかを明確にし、それを周囲の人間に伝えるために必要になります。また制作中には様々な試行錯誤が繰り返されますが、うまく行く時ばかりではありません。そんな時に基準となるものがあらかじめ定めたコンセプトとUXです。

また商業作品の場合はそれをうまく伝えることで宣伝効果が上がり、ブランドイメージを高める効果も期待できます。**企画時から配信後までそのプロジェクトを支え続けるもの**が最初に設定したコンセプトとUXです。

■ コンセプトとUXは開発前から配信後までプロジェクトを支える

企画の伝達　　　　　試行錯誤時の基準　　　宣伝＆ブランドイメージアップ

NEW GAME CONCEPT
こんな
ゲーム

UX
コンセプト

✏ まとめ

- ▶ **コンセプトはモバイルゲームの設計指針**
- ▶ **UXはゲームプレイを通じて得られる体験**
- ▶ **コンセプトとUXは企画時から配信後までプロジェクトを支える基準**

10 企画書の作成

練り上げたコンセプトとUXイメージも、人に伝えることができなければ意味がありません。そのための武器となる企画書をどのように作るのか、その一例をご紹介します。

● 企画書の意義

　頭の中で全力を挙げて考えた理想のモバイルゲーム、それを完成させ世に出すまでには多くの人の協力が必要になります。まずはそのモバイルゲームがどのようなものか、どのようにおもしろいのか、どのように届けて、どのように売上を出すのかを伝えなければ始まりません。 脳内の全てをアウトプットして、可能な限り**具体的に伝えるための最初の武器となるドキュメント**、それが企画書の意義です。

● 項目の検討

　モバイルゲームの企画書には決まったフォーマットはありませんが、盛り込むことでその内容を伝えやすくなり、説得力を上げることができるポイントは存在します。一般的に図にあるような項目を盛り込み、全体の流れを整えていきます。

■ 一般的な企画書の項目例

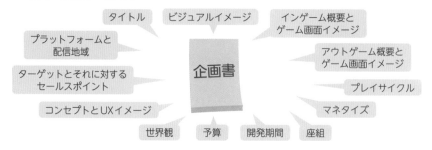

● 絵や図の重要性

　モバイルゲームのおもしろさを表すための強力な武器、それが絵や図です。本書もそうですが、文章だけで様々な情報を全て伝えるのは限界があります。

　例えば、視界に写っている風景の情報を余さず言語化するとなると、とてつもない量の文章が必要になることは想像できると思います。それらの莫大な情報を一瞬で伝える方法、それが写真です。このように、**文章だけでは伝えきれない情報も絵や図にしてしまう**と簡単に届けることができる場合があります。特にモバイルゲームの場合は様々なキャラクターや世界観、UIやプレイサイクルなど文章だけでは明確に伝えることが難しい情報が多くあり、それらを正しく伝えるためにも絵や図は重要です。

■ 情報を伝える方法は言葉だけではない

お城
赤い橋
堀
桜
晴れ・・・

● 絵が描けない場合はどうするか

　理想としてはモバイルゲームの企画を立案する人は簡単な絵は描けた方がよいのですが、図はともかく絵を描くことに苦手意識を持っている方もいるかと思います。そんな時は、組織の中にいる**イラストを得意とする仲間**を引き入れてしまうのです。こんなおもしろいものを考えているのだ、協力してくれないかと依頼してみましょう（もちろん組織内のルールに則って行動する必要があります）。

　前項で説明したとおり、絵の持つ力は非常に強力です。企画の魅力を何倍にも引き上げてくれる可能性を秘めています。どうやってもそういう仲間の都合がつかない時は無料イラストなどを使う手もあるのですが、やはり伝達能力としてはワンランク下がってしまうので注意が必要です。

■ 絵は企画の魅力を伝える強力な武器

例：絵の力で『魔王』の魅力や力強さをしっかり伝える

企画書はどこまで書けばよいのか

　企画書の内容は、その**プロジェクトの規模や組織の状況によって、どの程度掘り下げた内容にするか**が変動します。大きな会社で規模も大きくなるプロジェクトであればより詳細に書くことが望ましいですし、熟練した少人数のインディーゲーム制作チームであれば1枚の企画書でも事足りるかもしれません。多人数相手に口頭で同じ内容を伝えるのは非常に労力がかかりますし、質問もバリエーション豊かなものが飛んできます。その部分を企画書でカバーすることで、伝達コストを削減することができるのです。

企画書のチェックを複数人で行う

　これはなくても問題はないのですが、企画書の精度を上げるためには組み込んだ方がよい工程です。企画書はどうしても主観で書くことになるため、本人の視点以上の内容にはなりにくいことがあります。思い入れもありますし、書く本人の中では最高のモバイルゲームが妄想されているからです。そのため、企画書をひととおり作った後は仲間に読んでもらって、**意図が正しく伝わるか**どうかをチェックするのです。もちろんこの時点では機密情報ですから、情報保護の観点から見せる相手は組織の中の人に限ります。

　依頼する相手ですが、ゲームに詳しい人から、あまり興味がない人まで可能な限り幅広く選定できると、自分では思わぬ視点で指摘が入ることもあって刺激になります。また企画書は様々な組織や立場の人が見ることになるので、その予行演習にもなります。

● 企画書は複数のバリエーションが発生することがある

　企画書は様々な用途で使われます。組織内の承認者からプロジェクトのゴーサインをもらう、外部の様々な組織に協力を依頼する、開発が進んで規模を拡大する、宣伝担当者に魅力を伝える、などその時々で伝えたいポイントも変化します。伝える相手によっても重要視するポイントが変わるため、最終的に複数のバリエーションを作成する場合があります。

■ 企画書の項目は相手によって重要視されるポイントが変わる

伝達相手	ポイント
予算承認者	プレイサイクルとマネタイズ
開発メンバー	ゲーム内容や制作物量
社外組織	座組と予算

まとめ

▷ **企画書はモバイルゲーム開発のための最初の武器**

▷ **重要な項目を押さえて、絵や図で企画の魅力を引き出す**

▷ **見せる相手に合わせて複数のバリエーションを用意する**

11 プレゼンから プロジェクト発足

企画書完成後はすぐにでも開発に入りたいところですが、プロジェクトが始まるまでまだまだハードルがあります。ここではプロジェクトがどのように発足するかをお伝えします。

● プレゼンとは何か

　1章でもお伝えしましたが、プロジェクト発足にはいくつかのバリエーションがあります。プロジェクト自体の発足が先になっていることもあり、その場合後からモバイルゲーム部分の企画書を書くということもあるのです。

　いずれにしても企画書を作成した後は、そのモバイルゲームを開発してよいか、承認の権限を持っている人を説得する必要があります。その**理解を得るために行うアピールや説明**、それがプレゼン（プレゼンテーション）です。

■プレゼンは企画内容を理解してもらうためのアピール

● 最初にプレゼンを行う対象

　モバイルゲーム開発は規模の大小はあれど時間もお金もかかるものです。ひとりだけで作り上げる方もいますが、多くの場合チームや企業などの組織単位で動くことになります。多くの人を動かさないといけないのですから、その組織に対してどのようなゲームを、どのように作り、販売するかを説明する必要があります。そのためには、まずその**組織の方針決定権限を持っている人**がゴーサインを出さないことにはプロジェクトは動かすことができません。

　企業の場合、モバイルゲーム開発を行っている部署の部長クラスの方が権限を持っている場合が多いかと思います。また、その権限を持っている方があらゆるジャンルのゲームに精通しているとは限らないため、それらに詳しいメンバーも含めて判断を行う場合もあります。企画書完成後、最初はこれらの**権限を持っているメンバーに対してプレゼンを行う**ことになるかと思います。

■各ゲームジャンルに詳しいメンバーの意見も聞く

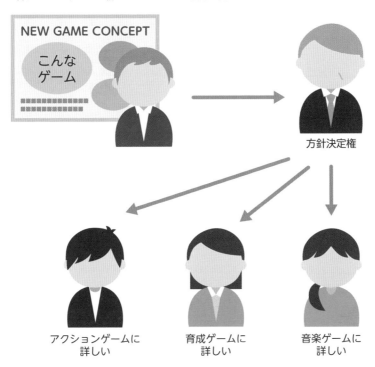

NEW GAME CONCEPT

こんなゲーム

方針決定権

アクションゲームに
詳しい

育成ゲームに
詳しい

音楽ゲームに
詳しい

● 企画の状況によってプレゼンのポイントが変わる

プレゼンでは企画書をベースにそのモバイルゲームがどのような内容かをアピールし、提案するのですが、ここで**求められる内容は状況によって変化する**場合があります。

例えば組織としてすでにテーマや使用するIP自体は決まってゲーム内容だけを求められる場合や、実はもう大枠で作る方向性は決まっているが具体性に欠けている状態から引き継いだ場合など、その企画の進行状況や組織の状況によって重要視するポイントが変わります。

プレゼンを行う際は、同じ企画書を使用していても、その企画がどのような状況にあるのかも踏まえて、どのポイントでどの程度の時間を使って説明を行うのかを配分して進行させます。

● 外部と協力して進める場合

所属している組織内でOKが出たとしても、外部の組織と協力して開発を行う場合はそれだけで終わりではありません。それらの組織に対しても同様にプレゼンを行い、承認を得る必要があります。特にIPを所有しているメディア系など他業種と協力する場合、プレゼン対象者がゲームに詳しくないこともあります。後から「こんなことは許可していない」などと企画をひっくり返されることがないように、より丁寧に進める必要があります。

● プロジェクト発足

様々な権限所有者の承認を経て、道筋がクリアになると、いよいよプロジェクトの発足です。 とはいえ最初から大人数で開発着手ということにはなりません。

まずは企画者とプロデューサー、ディレクターなど少人数で企画を具体化するためのブラッシュアップ期間が設けられる場合が多いかと思います。そして、このあたりから分業が進む内容が増えていきます。

プロデューサーは主に資金まわりや組織間の連携を、ディレクターは企画の

実現性や開発規模を重視して動きますし、その他のセクションのメンバーが加わっている場合はそれぞれが担当する分野を具体的にイメージし、しっかりと計画して進めることが求められていきます。ゲームを作るまでには、まだ検討して決めることが多くあるのです。

このタイミングでモバイルゲームの軸となる部分が決まっていくので、プロジェクトにとっては非常に重要な期間と言えます。そしてプロジェクトとしてはここでひとまずスタートラインに立てたということになります。

■ プロジェクトが発足してもすぐに開発着手にならない場合が多い

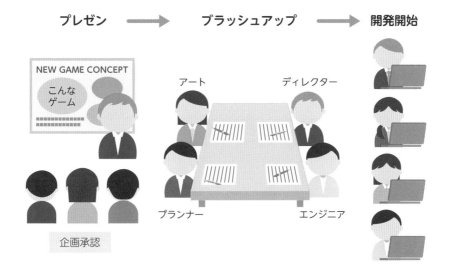

まとめ

▷ プレゼンはモバイルゲームの魅力を他者にアピールして伝える手段

▷ 様々な権限を有したメンバーを説得し、承認を得ることが目的

▷ 企画承認が通るとプロジェクトのスタートラインに立てる

12 予算とマイルストンの策定

プロジェクトが発足したら、次は開発にかかる費用と、完成までのスケジュールを決め、開発計画を策定していきます。ここではゲーム開発にかかる費用と、開発スケジュール、マイルストンについて説明します。

● ゲーム開発にかかる費用項目

　ゲームは開発にお金がかかるのはもちろんですが、完成後の宣伝や、維持費などにもお金がかかってきます。

■ ゲーム開発にかかる費用

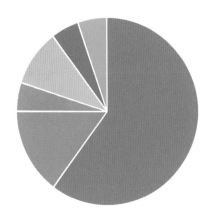

ゲーム開発費例

	人件費	外注費
■	人件費	■ 外注費
■	サーバー維持費	■ 広告宣伝費
■	機材・システム関連費	■ その他

※あくまで割合は例であり、
ゲームの規模やタイトルにより異なります

人件費	社内開発メンバーの給与など
外部発注費	外部の協力会社への発注や、演者さん・声優さんキャスティング
サーバー維持費	サーバー利用料や通信
広告宣伝費	プロモーションや広告費用
機材・システム関連費	開発機材、ミドルウェアなどのライセンス費用
その他	雑費

　開発にかかる費用の多くは「人件費」です。 自社ですべて完結する場合は従業員の給与や設備費が主ですが、外部の会社に発注、俳優さんや声優さんへの

依頼費用、IPなどの版権使用料、広告宣伝費や、サーバーの維持費など、様々な費用がかかります。近年では開発に数億かかるタイトルも多くなっています。こうした費用を開発メンバーでも意識する機会は少ないのですが、1円でも、決して自由に使って良いものではないということは知っておきましょう。

● 費用は人月で計算することが多い

　ゲーム開発の費用は「人月」で計算することが多いです。人月計算とは、**開発に携わる人の数と、期間から算出されるもの**で、一人が1ヶ月稼働することにかかる費用を元に、関わる月数で計算されるものです。

　会社において一人の人間を動かしたときにかかる費用ということです。ちなみに「費用」の中には担当者の給料だけではなく、保険料、機材・ライセンス料、光熱費、家賃など様々なものが含まれた金額になります。

●例：人月単価７５万の場合（給料が75万ということではありません）

■ 人月計算

役職	人数
プロデューサー	1人
ディレクター	1人
プランナー	2人
プログラマー	5人
デザイナー	5人
シナリオ	1人
QA（検証）	5人
合計	20人

人月＝1人の方が1ヶ月作業してもらうのにかかる金額
（役職やスキルによって変わることもあります）

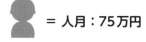

👤 ＝ 人月：75万円

👤 × 人月：75万円 ＝ 月約1,500万円
20人

1人月＝75万

　75万 x 20人 = 約1,500万円の費用が毎月発生するということになります。

● マイルストンの策定

　モバイルゲームは完成までに数ヶ月から1年かかるものもあれば、大型タイトルになると数年以上かかるものもあります。開発期間が長いと、いきなりスタートからゴールを目指すと、そこまでに何が必要か、どんな手順で進めれば良いかなどの見通しが悪くなってしまいます。 そこで、ゴールまでの間にチェックポイントを設け、この時までに完成・確認できる要件を洗い出し、それに向けての進み方を考えていきます。これが**マイルストン**と呼ばれる、要件と期日を決めることです。

　開発スタートからリリースまでの間にマイルストンを設けることにより、開発途中での品質や要件、問題点などをチェックが早い段階できます。それにより、時には修正が必要な場合は、リリース前に軌道修正ができますし、段階を設けることで、そこに向かうための必要要件などがより具体化されていきます。マイルストンには、「**プロトタイプ**」「**アルファ**」「**ベータ**」などと呼ばれる要件定義がよくあります。

■各マイルストンと主な内容例

プロトタイプ	ゲームの主となる部分だけを確認できる状態。アクションゲームならキャラクターを動かして戦うだけを作って、触り心地を確かめるなど。見た目は仮の状態で行うことが多い。	
アルファ	ゲームの茎本サイクルが確認できるもの。ホーム画面、戦闘画面、結果画面など、基本の流れが繋がって確認できる。ただしアセットなど見た目は一部仮な状態になることもある	
ベータ	ゲーム仕様が決まり、量産体制に入っている状態不具合は残っているが、ゲームとしての機能は揃っているもの	

　ここで挙げた内容は一例であり、マイルストンごとの内容は、会社やゲームによって変わります。また、アルファ1、アルファ2と、マイルストン内でも要件ごとに細かく区切って進める形もあります。それぞれの具体的な内容は次章から順に説明していきます。

◉ マイルストンとスケジュールの違い

　よく混同されますが、マイルストンとスケジュールは違います。マイルストンは、**要件と期日が決まっていること**であり、その**マイルストンに向けて、日々の開発計画**がスケジュールになります。

■ マイルストンとスケジュールの違い

アルファマイルストン
要件
・キャラクターを操作してバトルができる
・仮画面でも画面遷移がつながっている

担当者	3月1日(月)	3月2日(火)	3月3日(水)	3月4日(木)	3月5日(金)	3月6日(土)	3月7日(日)	3月8日(月)	3月9日(火)	3月10日(水)	3月11日(木)	3月12日(金)	3月13日(土)	3月14日(日)
プランナーA	キャラクター仕様書作成		画面仕様書作成					バランス調整作業						
デザイナーA	キャラクターモデルデータ作成							アニメーション調整		ルック調整				
デザイナーB	バトルUIデザイン		タイトル画面デザイン					ホーム画面デザイン		UI調整				
プログラマーA	キャラクター挙動作成							不具合対応						
プログラマーB	バトルUI画面作成		タイトル画面作成					ホーム画面作成		不具合対応				

→ スケジュール

まとめ

▶ **近年のモバイルゲーム開発は大規模化し、開発に数年、開発費も数億かかるものが多い**

▶ **開発費用には人件費以外にもサーバー維持費や宣伝広告費など様々なものがある**

▶ **マイルストンとは要件と期日が決まっているもの**

▶ **スケジュールはマイルストンに向けた日々の開発計画のこと**

13 プロジェクトメンバーの確保

プロジェクトが正式に発足したら、次に開発メンバーを集めてチームを作ります。ゲーム開発では様々な専門職の方が集まって、チームとして開発をしていきます。ここではプロジェクトメンバーとチーム発足について紹介します。

● ゲームは様々な専門職の集合でできている

「02 モバイルゲーム開発に必要な役割」でも紹介しましたが、ゲーム開発では様々な職種の方と協力して作り上げていきます。1つのゲーム画面をとっても、その中にはたくさんの専門職の方が関わってできています。

■ 1つの画面でも様々な人が関わっている

プランナー
企画
バランス調整
パラメーター
設計

様々な職種が協力してゲームは作られる

デザイナー
UI/UX

プログラマー
描画
入力
キャラクター制御
通信

デザイナー
キャラクターモデリング
アニメーション

シナリオライター
シナリオ
世界観

サウンド
BGM
SE

QA
品質管理
不具合チェック

デザイナー
背景
エフェクト

● 最初は少人数でスタート

プロジェクト発足時は少人数チームのことが多いですが、開発が進むにつれて作成するものも多くなってくると、プロジェクトメンバーも増えていきます。QA・検証チームなど、職種によってプロジェクトへの参加タイミングも異なってきます。

■開発が進むにつれて人が増えていくこともある

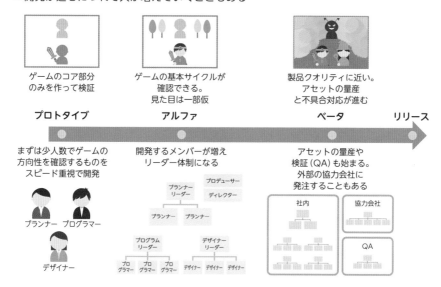

● チームメンバー確保

いよいよプロジェクトメンバーを募集しチームを作っていきます。具体的にどんなスキルが必要なのか、マイルストンやスケジュールも考慮し、いつまでに何人いればよいのかなども考えてチームを結成していきます。チームメンバーを確保する方法にもいくつかあります。

■社内人員

一番多いのは社内メンバーをプロジェクトにアサインすることです。社内の場合はそれぞれが持つスキルなども予めわかっているので、具体名をあげてメ

ンバーを集めることができます。時には他PJから異動してもらうなど、社内人事で調整していきます。

■採用

　新規の技術領域に取り組む場合や、社内人員だけでは足りない場合は採用で集めることもあります。採用の場合は、このプロジェクトで求める募集要項などを明確化するとともに、会社に馴染めそうか？応募者の方のキャリアプランなど、PJだけではなく様々なことを考慮するので、社内の人事・採用チームと連携する必要があります。しかし、採用は必ずしもすぐに応募があるわけではないので、ある意味ご縁な部分もあります。

■協力会社

　社内人員、採用だけでも見通しが立たないときは外部の会社に作業協力をお願いします。とくにゲームに必要なデータ素材（モデルデータ、アニメーション、テクスチャ、サウンド等）が量産期に入ると、外部の会社に発注するということが多くなります。発注する内容はプロジェクトにもよりますが、デザイン部分だけということもあれば、ゲーム開発全てということもありますし、複数の協力会社に依頼するということもあります。

■演者、声優などのキャスティング

　ゲームにもよりますが、近年ではキャラクターのボイスや動きにプロの演者さんや声優さんを起用することも多くなっています。このようなキャスティングや収録スタジオの確保なども必要になることがあります。

まとめ

▶ **ゲームは様々な専門職の方が集まって作られている**

▶ **チーム人数はプロジェクトが進むにつれて増えていくことが多い**

▶ **チームメンバーの集め方には社内以外にも様々な方法がある**

14 マネタイズ

開発したゲームをどのように販売・課金して収益を出すかはプロジェクトを継続する上でとても大切です。モバイルゲームでは有料販売の他にも、広告表示や、アプリ内課金など、様々な収益化の方法があります。

● 売上＝利益ではない

ここで重要なのは、**売上イコール利益ではない**ということです。売上とは、企業が商品、つまりゲーム会社であればゲームを販売し、ユーザーがそれに支払った金額のことをいいます。しかし、ゲームを開発するためには、開発するための費用、人件費、販売管理費や、サーバーを用意、維持するのにサーバー維持費、宣伝のための広告費など、様々な費用がかかります。

また、モバイルゲームの多くはApple(iOS)とGoogle(Android)それぞれのプラットフォームのストアを通してユーザーがダウンロードします。この時、売上の一部からプラットフォーム手数料というものも引かれます。つまり、売上からゲームを作るのにかかった費用、そしてプラットフォーム利用を引いた「残り」が利益になります。

■ 売上から様々な費用を引いた残りが企業の利益となる

売上	開発費用 （人件費） （販売管理費） （サーバー維持費） （光熱費・雑費、他）
	広告費
	プラットフォーム 手数料
	利益

モバイルゲームの収益化方法は、ゲーム自体を直接販売する方法以外にも様々なマネタイズモデルがあります。ゲームに合わせてマネタイズ方法を決定する前に、まずどんなマネタイズモデルがあるのか知っておくことも大切です。

● 買い切り型（有料ダウンロード）

モバイルアプリの中には、有料アプリと無料アプリがあります。有料アプリは初回インストール時にお金を払い購入してもらいます。家庭用ゲーム機のパッケージ販売に似たマネタイズ方法で、**買い切り型**などとも呼ばれます。

■ 有料アプリ買い切りモデル

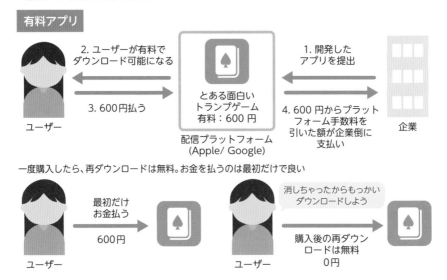

有料モデルは初回ダウンロード時に金額を払うため、ダウンロード数から売り上げを推測できます。しかし、基本的には一度購入したら、その後の継続的なマネタイズが難しく、また近年のモバイルアプリランキングの上位はほとんどが無料アプリのため、埋もれやすく、そもそも有料のため無料アプリに比べるとダウンロード数が少ないなどの面もあります。

有料アプリモデルには、家庭用ゲーム機からの移植タイトルや、辞書、ユーティリティなどのジャンルが多く見られます。

⦿ アプリ内広告

　ゲームのプレイ画面中に、バナーや全画面広告、動画広告などが表示され、その**表示回数や、広告クリック回数によって得られる広告収益**を主な収益源としたマネタイズモデルです。比較的カジュアルゲームと呼ばれる、シンプルで繰り返し遊ぶようなゲームや、個人開発者のゲームなどに用いられる方法です。

　アプリ内広告型の場合、基本的にアプリ自体は無料でダウンロードして遊ぶことができ、プレイ中のローディング画面や、リトライ画面などで広告が表示されます。広告を表示するためのSDKなどを提供している広告サービスも多くあり、開発者は比較的簡単に実装できる点も人気です。

■ アプリ内広告は表示の仕方も様々

バナーや、全画面表示など、広告表示の仕方も様々。
表示回数やクリック回数に応じた広告収益を得る

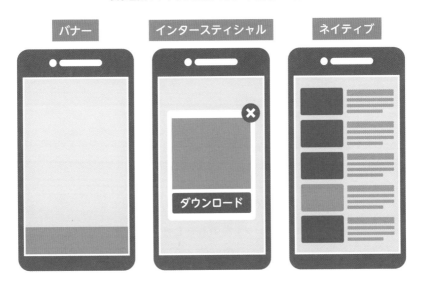

　しかし、ユーザーにとっては広告表示があまりに多いと、ゲームのプレイを妨げられてストレスとなり、ゲームを離脱する原因にもなってしまいます。広告表示もゲームに合わせて表示箇所、回数などを適切に設定する必要があります。

近年では広告を見ることによりゲーム内で使えるアイテムや、リトライができるようになるといった、広告を見たことによる「報酬」を与えるリワード型広告などのモデルも増えてきています。なかには、アプリ内課金の機能と合わせて、広告を非表示にするアイテムを販売するというマネタイズ手法を取り入れているアプリもあります。

■ 広告を見ることでユーザーがゲーム内報酬をもらえるリワード広告型

広告を見ることによって、ゲーム内アイテムが獲得できる報酬型、
リワード広告も近年採用しているアプリも多い。

| ゲーム内で任意で広告を表示するか確認 | 広告表示リワード型では動画広告が多い | 表示が終わるとゲーム画面に戻る | ゲーム内アイテムをゲット |

● アプリ内課金

モバイルゲームに多く採用されているマネタイズモデルです。いわゆる日本のモバイルゲームに多い**「ガチャ」を中心とした**マネタイズもこのアプリ内課金モデルになります。 アプリ内課金とは、アプリ内で使うことができるアイテムを、ゲーム内のショップからお金を払って購入し、ユーザーはそれによった得られたアイテムを使い、ゲーム内で様々な機能を得られます。

よくあるアプリ内課金方法は、まずショップなどでゲーム内で使える「コイン」や「石」「宝石」などのアイテムを購入し、ゲーム内ではそのアイテムを使い、ガシャで新しいキャラクターを得たり、プレイするためのスタミナ（体力）を回復したりと、ゲーム内の様々な機能に利用します。

■ 採用例が多いアプリ内課金例

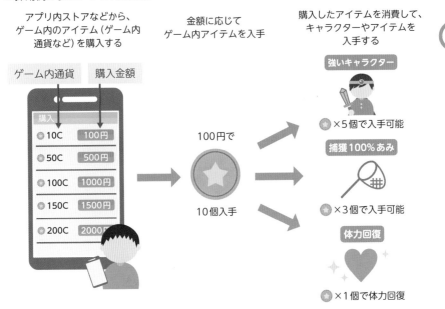

アプリ内課金モデルでは、広告モデルと同様に、アプリ自体は無料のものが多く、課金しなくても遊べるものがほとんどです。しかし、より楽しく、継続して遊びたい場合などは、ゲーム内のアイテムを購入してもらうという形です。有料アプリとは違い、継続したマネタイズが可能なため、多くのモバイルアプリで取り入れられています。

しかし、ゲームでは継続してプレイしてもらうために様々なゲーム内イベントや新機能、新キャラクターやアイテムを追加していかなければなりません。これが今日のモバイルゲームの運用になります。

● 定額課金 (サブスクリプション)

マンガや雑誌、動画サービスなどで用いられることが多い課金方法で、**決められた利用料を払うこと**により、一定期間 (1ヶ月など)、そのアプリやサービスが利用できるようになるマネタイズモデルです。近年流行の動画配信サービスなどでも取り入れられている方法です。

■ 動画配信サービスなどでも多い、定額（サブスクリプション）モデル

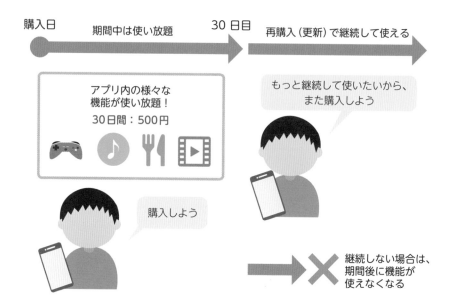

　定額課金モデルでは、その後も継続して利用したいと思う、コンテンツの更新頻度がとても大切で、更新頻度が低いと、すぐにコンテンツ内容に飽きられてしまい、継続的な収益を上げるのが難しくなってしまいます。近年ではゲーム内でも、アプル内課金とは別に定額課金サービスを導入しているものもあります。定額サービスを利用すると、一定期間中は毎日アイテムがもらえたり、特別なクエストに挑戦できたりするなど、期間内に様々なメリットが得られることがあります。

まとめ

▷ 売上から開発費や宣伝費などを引いた残りが利益となる

▷ 日本のモバイルゲームの多くはアイテム課金制＋無料アプリの型が多い

▷ カジュアルゲームなどでは広告表示＋無料アプリの型が多い

3 章

▼

プロトタイプ開発

プロジェクトが発足し、モバイルゲームの開発が始まりました。どんな素晴らしいゲームも最初から完成形が見えているわけではありません。自分たちが思い描いた作品の方向性を確認して定めるための初手として、プロトタイプ版の開発に着手します。この章ではその流れを追います。

15 プロトタイプ版の目標設定

いよいよこの段階からモバイルゲームの具体的な開発が始まります。ここではプロトタイプ版の開発についてご紹介します。

● プロトタイプ版とは何か

　モバイルゲーム開発におけるプロトタイプ版とは、その**ゲームのコアとなる部分を試作し、企画時に想像したとおりのおもしろさを表現できるかを確認する**ためのものになります。どの程度まで作り込むかはその組織の文化によっても変わります。たいていの場合、『インゲーム』と呼ばれる、最もユーザーがアクティブに操作する部分（バトルやパズル部分など）を中心に、おおまかなゲームサイクルを確認できるものを指すと思います。

● インゲームとアウトゲーム

　モバイルゲームの開発では、よく『インゲーム』『アウトゲーム』という言葉が使われます。

　インゲームとは上でも書いたとおり、そのゲームで**最もアクティブに操作する部分**です。RPGであればバトル、パズルゲームであればパズル部分を指すことになります。そのゲームでもっとも華やかな、顔となる部分と言えるでしょう。

　それに対してアウトゲームとは、**インゲームを取り巻く様々な機能**を指します。現在のモバイルゲームでは、キャラクターや装備の強化、施設の開発などインゲームをより引き立てるための様々な機能をアウトゲームに入れ込みます。インゲームとアウトゲームが相互に作用することによってゲームの魅力を高めているのです。

■ インゲームとアウトゲーム

インゲームを内包した様々な機能がアウトゲーム

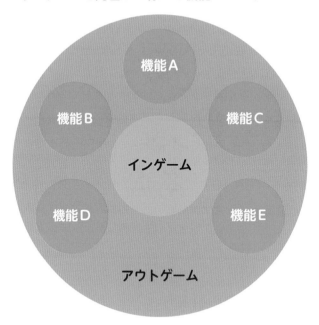

3
プロトタイプ開発

● プロトタイプとモックアップの違い

　ゲームの開発に興味を持った方はモックアップ（モック）という単語を耳にしたことがあるかもしれません。プロトタイプもモックアップも試作品という意味では同義です。

　ではどう違うのか。この言葉も組織や業界によって扱い方が変わるので注意が必要ですが、モバイルゲーム業界におけるモックアップは、プロトタイプより手前の、**インゲーム内の一部要素を確認するために作るもの**を指す場合が多いかと思います。例えば、RPGであるならばバトルのみ、それも最低限の基本システムを作ってみておもしろさや演出を検討することに使用します。組織によってはモックアップ開発をプロトタイプ開発の前段階として明確に分けている場合もあります。また、開発が進んだ後でも、通常とは違う動作をするものを追加する場合はその部分だけのモックアップを作ることもあります。

079

● プロトタイプ開発ではどこまで作り込むか

モバイルゲーム開発では厳密なゴールというものが存在しません。例え配信まで行っていても、細かな改修や機能の追加は随時行われます。そんな中で、プロトタイプ開発とはどこまで作り込むべきなのか？という問題が発生します。作っている人たちの中では「あれも入れて、これも入れないと」とついつい欲張ってしまいがちなのですが、プロトタイプ開発の本質は『**コアな部分が企画時に想像したおもしろさを担保できているか**』という点です。

例えば、パズルゲームであれば、操作ルールや出現するアイテムの種類、またそのバランスや駆け引きの部分がコアな要素となりえますが、そこに詳細なビジュアルは必要でしょうか？ おもしろさの定義は企画ごとに変わります。それを確認するために**必要最低限の要素**をピックアップして、それ以外をあえて入れないことで開発期間を短縮し、**可能な限り様々な手法を模索する**のがプロトタイプ期間にやるべきことなのです。

● プロトタイプ開発の説得力

プロトタイプ開発は、**企画者の脳内にあるおもしろさを具現化するための最初の一歩です**。もちろんその前に企画書などで説明はしていますが、ドキュメント上で書いてある情報と、実際に画面で動いているものでは説得力に雲泥の差があります。 企画者以外のメンバーの脳内が「なんとなくわかる」状態から「わかった！」に変わる瞬間でもあります。やはりモバイルゲームは動かして、操作することが理解への最短ルートなのです。

■ 文章よりも絵、絵よりも動くもの

⦿ プロトタイプ開発における判断の難しさ

　プロトタイプ開発は最低限の要素で構成して動くものを作るため、当然ながら様々な情報が欠落しています。判別できるかどうかのビジュアル、サウンドは基本的になし、操作方法やルールも詰めきれていない場合があります。その中でおもしろさの判断を行わないといけないのですから、それを見る側にも相当のゲームリテラシーと、足りない部分を脳内で補完する技量と経験が必要になります。

　開発しているメンバーは理解していても、事業としての判断をするメンバーにそれらが欠けていることもあります。残念ながらそこをどう補うかを先回りして考えることもプロトタイプ開発での重要な仕事になることがあります。

まとめ

▷ プロトタイプ版はそのゲームのコアがおもしろくなりそうかを確認するもの

▷ 作り込みは最低限に絞り、様々な手法を模索する期間

▷ プロトタイプ版では見る側にもリテラシーが必要

16 仕様書の作成

モバイルゲームを開発する際の設計図、それが仕様書です。それがどのような内容になっているかを簡単にご説明します。

● 仕様書とは何か

　モバイルゲームにおける仕様書は、その**ゲームの設計図となるドキュメント類**を指します。全体がどのような構成になっているか、画面ごとに表示する情報は何か、各機能の意図や目的、どのようなデータを扱うのかなど細部まで多岐にわたって記載します。仕様書を見れば実装者が開発を進められるという粒度で詳細に説明します。そして様々なメンバーがこのドキュメント群を確認しながら開発を進めることになります。

● なぜ仕様書を書くのか

　モバイルゲームの仕様に関する情報はとにかく膨大です。ひとりで制作する場合には本人さえ理解していれば問題なく、備忘録程度のメモ程度で済むかもしれませんが、これが大人数になった場合どうなるでしょうか。企画書はあるのでおおよその概要はわかるという状態で各メンバーが思い思いに制作を進めるとちぐはぐなパーツだけができあがり、それをつなぐことすらできない状態になってしまいます。

　そのようなことがないように共通のルールを作り、各画面や機能がどのような役割を果たすかを明記し、**開発メンバーの意思を統一して効率よく開発を行う**ためにも仕様書をしっかりと作成する必要があるのです。

● 仕様書に記載する項目

　仕様書にはおおよそ下記のような情報を記載し、**テキストや図、表などを駆使して全ての画面や機能の詳細を網羅**します。これらに加えて、インゲームでどのような情報を表示し、操作方法とそれに対してどのようなレスポンスを返すか等、ゲームジャンルや内容によって大きく内容が変化する情報も含めて記載します。使用するツールは組織やチームによって変わります。以前はローカル環境で作成した資料をサーバーで共有していましたが、近年ではウェブベースのツールを使用することが増えています。ウェブベースのツールは更新が簡易で複数人で操作できる点が魅力です。

■ 仕様書に記載する項目例

項目名	概要
画面遷移図	各画面がどのようにつながり遷移するかの全体図
機能リスト	ゲーム内の全機能を洗い出したリスト
画面ワイヤー	画面内に表示する要素や機能と配置を記載した図
画面内機能詳細	画面内の要素ごとの機能と操作方法や反応などの詳細情報
機能処理フロー	各機能がどのような処理を行うかを表すフロー図
データポリシー	各種データを作成するための方針や計算方法
マスタ項目	画面や機能で使用するマスタデータの項目名と概要
各種データ	ポリシーにそって作成した数値などの情報
独自用語説明	世界観に関わる独自用語の説明
チーム情報	チーム運用に関するルールや担当者表などの情報

● 企画書との最も大きな違い

　企画書にもモバイルゲームの内容は記載されています。ですがその粒度は非常に荒く、それは読んだ人ごとの想像の余地が大きいということを表します。仕様書は基本的な開発知識を持ったメンバーが読んだ場合、表現などに差はあれど機能としては同じものが完成するように記載します。それは**企画書がおも**

しろさを伝えるためのもの、**仕様書が詳細な情報を伝えるためのもの**という目的の違いにも現れています。

■ 精密な仕様書があれば誰が作っても同じ機能を実装できる

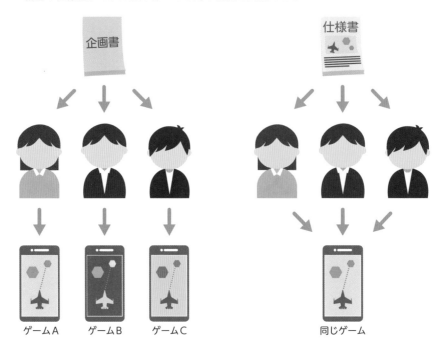

◉ プロトタイプ版での仕様書

　プロトタイプ開発ではまだ全体を詰める段階ではないため、主に**インゲーム部分に関する仕様を集中的に書く**ことになります。そのため仕様書としても完成度は低い状態ではありますが、そもそもいかに試行錯誤を数多く行うかも重要であるため、重要なポイントだけ押さえておけば開発を進めることができるのです。チームのメンバーの技量が高く、コミュニケーションが活発な場合は口頭やチャットだけで開発が進んでしまう場合があります。

　精密な仕様が残らないことはデメリットもありますが、そのくらいの開発スピードで進めることができればより多くを模索できるというメリットもあります。

● 仕様書は運用後も活用する

　仕様書は開発中だけではなく、運用が開始してからも活用する非常に重要な資料です。運用期間が長くなると初期に参加していたメンバーから代替わりが起こることも多く、仕様書がなかったり適当な状態だと、**なぜその機能を開発したのか、なぜそのような設計やパラメーターになっているのか**がわからなくなってしまいます。

　このような事故を可能な限り減らすためにも、精密な仕様を作成し、なおかつ最新の状態に更新し保守することが必要です。

■ 仕様書はメンバー交代にも耐えうる内容で作成する

仕様書が無いチーム

新しく参加したメンバー

仕様書があるチーム

新しく参加したメンバー

まとめ

▷ **仕様書はモバイルゲーム開発の設計図**

▷ **誰が開発しても同じ機能が作れる内容にすることが理想**

▷ **配信後も更新し保守する必要がある重要な資料**

17 プロトタイプの技術検証

モバイルゲームの仕様ができたら、いよいよ実際に動くものを作成していきます。
仕様書や検証項目を元にゲームを試作（プロトタイプ）してみます。

● なぜプロトタイプを作成するのか

　このゲームは実現可能なのか、遊んでみておもしろいのか、どのように作成
して行けばよいかなど確認するためにプロトタイプを制作します。もしプロト
タイプを作成せずに開発を進めてしまうと、途中で技術的問題に直面する場合
や、ゲーム自体がおもしろくなかった場合に時間や金銭的にも大変な損失と
なってしまいます。

　プロトタイプではまず作成する部分を決めます。**そのゲームの一番おもしろ
さの分かるコア部分のみ**を作成します。

　プロトタイプは、とにかく素早く作成して、検証する必要があります。その
ためのことを考慮して制作環境を決める必要があります。

　例えば、レベルデザインが必要なゲームではゲームエンジンに用意されてい
るツールを使って、簡素なビジュアルでレベルを作成してみたりします。ゲー
ムエンジンを使うことができるならプランナー自らレベル制作を行います。

　また3Dモデルのキャラクターや背景等が必要であれば、過去に作成したゲー
ムから流用したり、ゲームエンジン用の無料または販売しているアセットを購
入して仮モデルとして使用したりするなどでアセットを制作する労力も極力省
きます。デザイナーを使わず、プランナーとエンジニアだけで作成することも
できます。

面白い？

素早く作成

簡単に作成

ゲームエンジンの選定

　プロトタイプで作成するものが決まったら、ゲームエンジンの選定をします。モバイルゲームであれば **Unity** が多く使われますが、最近ではスマートフォンの性能向上により **Unreal Engine 4** が使われる場合もあります。プロトタイプを作成する人材のスキルも考慮する必要もあります。やはりプロトタイプを作成する人の得意な開発環境を選択するのが良いですから、作成するものによって割り当てる人材の選定も重要です。

　次にデバイスのターゲットを決めます。プロトタイプの段階では比較的高性能のスマートフォンが使われることが多いです。プロトタイプではゲームの最適化などは行われず力技でとにかく機能を実装してみるようなことがあるからです。また、iPhone用に作成するのか、Android用に作成するのか、両方なのかを決めます。Androidの場合は端末の設定さえ行えばすぐに実機で実行することができます。iOSの場合はApple Developer Programというライセンスを購入する必要があります。購入後にiOSデバイスで動かすには色々な登録を行う必要があり、初回はそれなりに大変です。法人向けApple Developer Programの場合はDUNSナンバーの取得が必要で、使えるようになるまでひと月はみておいた方が良いでしょう。

iPhone

Android

● ミドルウェア、プラグイン、OSSの選定

作成するゲームに**必要な機能を素早く実装**するために、必要な機能をもつミ
ドルウェア、プラグイン、オープンソースソフトウェア（OSS）があれば積極
的に使います。

例えば技術検証として、ゲームエンジンでは用意されていないスマートフォ
ンのカメラの機能を直接使うような仕様があったとします。もし自前で実装す
るならネイティブプログラムを作成する必要がありコストがかかります。この
ような場合にプラグインがあるかどうか探してみます。プラグインを導入する
場合は対応しているゲームエンジンのバージョンとスマートフォンのOSの
バージョンにも注意が必要です。

また、プロトタイプを作成後に本制作を始めることになったときのことも考
えて選定しておく必要もあります。例えば、そのゲームにどうしても必要な機
能を持つOSSがあったとします。しかしそのライセンスの内容によっては、
商用でリリースするのに相応しくないかもしれません。あるいは使いたいミド
ルウェアのライセンス料がリリース後の収益見込みに対して価格が見合わない
場合もあります。このように本制作に進んだ場合のことも考慮して選定してお
く必要があります。

◉ テストプレイ

　プロトタイプを作成したら、実際にテストプレイを行います。テストプレイ
では実際に遊んでいるユーザーを観察しましょう。遊んでいるゲーム画面を見
ながら、操作方法をすぐに理解できたか、どのように操作しているのか、どこ
で躓くのか、仕様の抜けている箇所の発見、どこでおもしろさを感じるのかな
どを細かく観察しましょう。

　テストプレイから得たフィードバックを分析して、素早く修正や改修を行っ
ていきます。そしてまたテストプレイを行い、修正改修を繰り返していきます。

■ テストプレイ

テストプレイと改善を繰り返す

改修

テストプレイ

面白い！

制作決定！

まとめ

▫ **プロトタイプは、作成するゲームのコア部分を作成して、本制
作を開始するか判断する**

▫ **プロトタイプは、素早く作成する**

▫ **プロトタイプは、テストプレイで受けたフィードバックを反映
させて、改修とテストプレイを繰り返す**

18 アートとサウンドの イメージ検討

ゲームの世界観を構成する重要な要素であるアートとサウンド。　これらがどのように決まっていくのか、例を挙げつつご紹介します。

● アートとは何か

　ここで言う『アート』とは、モバイルゲームにおける**ビジュアル面を表現するために作成する画像やモデル**などを指します。目立つところではキャラクターデザインやそれらが活躍する世界を表現する背景、看板となるキービジュアルなどですが、実際にはもっと様々な要素を検討していく必要があります。

　キャラクターの立ち絵だけがあっても一般的なゲームにはならないことは想像できるかと思います。実際のゲーム画面で動かす場合にどのように表現するか、またUIのテイストをどのような方向性でまとめるのかなど、全体を通しての統一感を含めて検討します。何よりも**そのゲームならではの特徴をビジュアルで表現するもの全てがアート**と言えます。

● プロトタイプ開発期のアート制作

　プロトタイプ開発の時点でどの程度作り込むかは組織やタイトルによってまちまちではありますが、この時期におおよそのキャラクターなど含めた様々な方向性を決めることが多いように思います。場合によっては企画作成時点で方向性が決まっている場合もありますし、既存のIPを活用する場合など、基本となるビジュアルがそもそも存在しているという場合もあります。

　とはいえ、それらの絵がそのままゲームに使えるかというとそうでもありません。単なる絵と、ゲームの表現手法としてのビジュアルでは注意するべきポイントが異なるためです。モバイルゲームはインタラクティブな要素があり、2Dか3Dか、動きはどうするか、エフェクトなどをどうかけるかなど、ゲーム

のジャンルや方向性を意識しつつ徐々に開発に反映していきます。

■ 絵のままではゲームにはならない

2D?3D?

エフェクトは？

動きは？

どの程度の工数で
作る？

◉ プロトタイプ版にどの程度アートを反映させるか

　プロトタイプ版で検証すべきものは『**そのゲームがおもしろくなりそうかどうか**』です。アートはモバイルゲームにおける重要な要素ではありますが、必ずしもおもしろさに直結しているというわけではありません。例えばチェスなどの場合、その駒のビジュアル的な魅力はゲーム性には直結していません。もちろん格好いいデザインの駒を使うと気分良く遊べるということはあるので、ゲームの価値を上げる効果はあります。そのためプロトタイプ開発ではゲーム性がわかる程度の最低限の見た目になっていることがほとんどです。

　最近ではゲームエンジンで開発することも多いため、一般的なストアで販売や配布されているアセット（画像やエフェクトなど）を使うこともあります。もちろん見た目がゲーム性に直結しているゲームもあるので、その場合には最終形をイメージしたシンプルなものを用意します。

　プロトタイプ開発では見た目よりもおもしろさの確認が重要視されるため、見た目は後から差し替えになる場合が大半です。試行錯誤のたびにそれに合った見た目にできれば確認しやすくなりメリットもあるのですが、その分開発費

や開発期間が長大になってしまうというデメリットもあります。ここはそのプロジェクトごとに何を重視するのかで変わる部分でもありますが、アートの検証はメインの開発とは別ラインで進めることが多いかと思います。

■ プロトタイプ開発ではアートは最低限に絞ることがある

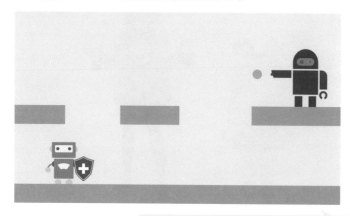

ゲーム性がわかればシンプルな見た目でもだいじょうぶ

● サウンドとは何か

　モバイルゲームにおけるサウンドはおおまかに **BGM（Background Music、楽曲）** と **SE（Sound Effect、効果音）** に分けることができます。ゲームサウンドにおける花形と言えるのはBGMや、最近ではテーマソングなどになりますが、地味でいて効果が非常に高いのがSEです。例えば攻撃する際に「キン！」という軽い音と「ギャリン！」という強い音が鳴った場合、キャラクターの動作が同じで音だけが変わった場合でも、後者の方が強い攻撃が当たっているように感じるのではないでしょうか。また一言で効果音と言っても、現実的な音か非現実的な音かによっても表現が変わります。同じ動きに音をつける場合でも前者はリアルに、後者はコミカルな雰囲気になります。

　このように、効果音ひとつでもゲームの方向性が大きく変わってしまうことがあるのです。ゲームの世界で起こる現象は非現実的な場合がほとんどですが、SEはそれが実在するかのように違和感なく演出するかを左右する効果があり

ます。当然ですがBGMにおいてもそれは同様です。サウンドは**ゲームのインタラクティブ性と相性が良く、その制作工数に対して与える影響が大きいため**コストパフォーマンスの良い演出と言えます。

● プロトタイプ版にどの程度サウンドを反映させるか

　プロトタイプ版では、**サウンドを入れてはいけません**。前述したとおり、サウンド、特にSEは演出効果が高く操作した人間に対して強くアピールでき、『おもしろくなっている』という錯覚を与えてしまう可能性が高いためです。また仮のサウンドを設定してしまうと開発メンバーにその雰囲気が強くすり込まれてしまい、後で正式なサウンドに差し替えた際に「何か違う」という印象を与えてしまうこともあります。

　このように、プロトタイプ版でのおもしろさの検証に対してサウンドは逆に邪魔になってしまうのです。

● 開発メンバーのテンションを上げる効果

　プロトタイプではアートも最低限しか反映しないことが多いですしサウンドは入れません。しかし、メインビジュアルやキーアート、テーマソングなどができてくると開発メンバーのテンションは上昇します。**自分たちが作っているものが最終的にどうなるのかイメージを膨らませることができる**ためです。今は仮の素材で動かしているが、完成するとこうなる！とイメージできると試行錯誤の際に新しい刺激にもなりますし、開発にも力が入ります。

まとめ

▶ **アートの組み込みは最低限に抑えてゲーム性の模索に集中する**

▶ **サウンドは演出効果が高いため入れてはいけない**

▶ **メインビジュアルやテーマソングは試行錯誤の刺激になる**

19 テストプレイと スクラップ&ビルド

プロタイプ版の開発を進めると、ある程度動く状態になった箇所からテストプレイを開始します。その結果を取り入れてブラッシュアップを行う様子をお伝えします。

● テストプレイとは何か

　ある程度開発が進み、動きを確認できるようになるとテストプレイを行います。**企画書やプロタイプ開発着手時に設定した『おもしろさ』を実現できているかを確認する**作業です。脳内でイメージし、企画書に言語化し、仕様書に落とし込み、制作してきたモバイルゲームの根幹部分を判断するための重要な作業です。開発メンバーを含め様々な観点からのレビューを行い、プロタイプ版として必要な要素に対して冷静に検討を行います。

● テストプレイでの判断の難しさ

　おそらく最初からイメージしたとおりのおもしろさを実現できることはほぼありません。人間には先入観があり、かつ自分たちで考えたものはおもしろいはずだと思って作っているため、どうしても視野が狭くなってしまうことがあるのです。そのため、できあがったものを見ても脳内のイメージと結びつけることができず違和感が発生します。そして大抵の場合多くのメンバーで開発を行うため、自分が担当した箇所以外は自分が想像したものと違う状態になっている場合もあります。

　また『おもしろさ』を言語化すること自体も非常に難易度が高い作業です。『おもしろさ』を表現するための根底にある体験が人によって異なるため、極端に例えると同じ単語であっても同じ感覚を持っているとは限りません。テストプレイ後に上がってくるレビューは様々な視点からの意見になるため、それをどのように解釈し、どのように判断するかも難易度が高くなります。ここで判断

を間違えるとその後の開発にも大きく影響が出るため、最終的なディレクションを行うディレクターやプロデューサーの責任は大きく重くなります。

● 違和感の言語化

イメージどおりにできあがっていれば何も問題はないのですが、そうでなかった場合は違和感の理由を言語化し、開発メンバーに展開する必要があります。なぜ違和感があるのか、どのように修正すればイメージに近づくのか、もしくは根底から考え直さないといけないのか、など全てを言語化する必要があります。ディレクターやプロデューサー、各セクションのリーダーが集まりそれぞれの箇所に対して検討を重ね、まとめた結果を開発メンバーに伝えます。人間はどうしても言語や図に頼らないと意思疎通ができないため、手間はかかりますが時間をかけて対応する必要がある重要な作業です。ここで言語化ができないと開発メンバーが思い思いに対応してしまうため、収拾がつかなくなる場合があります。

■ 違和感を言語化して対応しないと手戻りが増えることがある

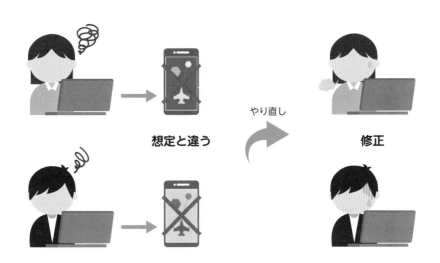

想定と違う　　やり直し　　修正

● スクラップ＆ビルドとは何か

　文字通り、スクラップ（破壊）とビルド（構築）を表します。試行錯誤の結果それまで構築したものがおもしろさを表現できていないと判断した場合、それを捨てて新たに作り直すことを指します。

　機能単位で行うこともあれば、場合によっては一部ではなく全てを捨ててゼロから作り直すということもあります。

　脳内で想像したものをスムーズにアウトプットするのは難しいものです。破壊を恐れず、新しいものに挑戦する気持ちで挑むことが結果的に良いものを生みだします。

● スクラップ＆ビルドの価値

　とはいえ、それまでに積み上げたものを捨てるというのは精神的にあまり良いものではありません。それではなぜそのようなことをするのか、それはやはりそのモバイルゲームのおもしろさを少しでも高めるためです。

　最初に掴んだ発想や情熱をいかに具現化するのか、それを試行錯誤、模索します。プロトタイプ開発において、「構築する → 判断する → 捨てる → 再構築する」というプロセスをいかに高速回転させることができるかが非常に重要になります。いかに経験を重ねた開発者でも、それまでと同じようにすぐに答えにたどり着けるとは限りません。それまでとは作るゲームジャンルが違うこともあれば、時代が変化していることもあります。

　また、プロトタイプ開発から配信までの期間も長期化しているため、配信する数年後のユーザーに受け入れられるような内容までクオリティーを高める必要があります。そのためにもスクラップ＆ビルドと、その判断が重要になります。

　この流れは開発チームにとっての経験にもなり、かつ、各メンバーのコミュニケーション相性や関わり方などチームビルディングの方針を決めるためにも有用な期間です。

■ ゲームの品質向上とチームの経験蓄積

ゲームの品質向上　　構築する　判断する　　経験蓄積　　捨てる

● プロトタイプ版の完成

　プロトタイプ開発が終わると、ようやくそのモバイルゲームの姿がうっすらと見えてきます。もしかしたら企画当初とは少し違った内容になっているかもしれません。スクラップ＆ビルドとその判断を繰り返し、よりおもしろいと判断した内容を選択し、方向性を変えてでも良くなっていると決断した結果、内容が変化することもあるのです。このあたりがゲーム開発の難しいところでもあり、楽しいところでもあります。ですが、ようやくスタートラインから1歩進んだということになります。

● プロトタイプ版の決議

　多くの組織の場合、企画承認時と同様にそれぞれの期間ごとに承認権限を持っているメンバーによる決議が行われます。それぞれの期間ごとに開発期限を決め、それまでに目標としたラインに達しているか、また達していなかった場合どのように方向を修正するかを判断します。プロトタイプ開発でもその決議を行いますが、ここで重要視されるのは『おもしろさ』の本質を企画意図ど

3

プロトタイプ開発

おりに表現できているか、違う場合にはどのように変化しているのかという点になります。特に外部組織と協力している場合、内容が変化した際にはその理由や変化させてでも届けるべきおもしろさというものを再度プレゼンテーションする必要も出てきます。

　またここで判断を誤ると、後からの修正コストが非常に大きなものになるためしっかりと進めなければいけません。最悪の場合ここでプロジェクトが終了し開発チームは解散となることもあるため、できる限りの手を尽くして決議に挑みます。

■ プロトタイプ版の決議

プロトタイプ検証　　　　　　　決議

『おもしろさ』の本質を
企画意図どおりに表現できているか

アルファ版制作へ
再検討
解散

企画書

✏ まとめ

▷ テストプレイで得た結果を開発に反映する

▷ スクラップ＆ビルドでゲーム品質の向上とチーム経験の蓄積

▷ プロトタイプでの決議は後に大きな影響を与えることがある重要なポイント

4章

▼

アルファ版開発

プロトタイプ版の開発というステップを超える
と、アルファ版の開発に入ります。それまでモ
バイルゲームの一部分しか作っていなかったと
ころから、ゲーム全体のプレイサイクルが確認
できるものを作り始めるのです。アルファ版と
ベータ版の開発では似通った箇所もあるため、
この章では一部ベータ版の開発内容も含めてお
伝えしていきます。

20 アルファ版とベータ版

プロトタイプ版の開発も終わりゲームの全体像が見えてきました。次のステップは
アルファ版とベータ版と呼ばれる段階へと進みます。

● アルファ版とは何か

　プロトタイプ版はインゲームを中心におおまかな機能を揃える程度でした
が、アルファ版ではこれらに加えて全体のゲームサイクルが加わります。**配信
時に必要とされる機能を全て満たし、ビジュアルも含めて完成形に近い状態を
確認できるもの**を開発します。またアートやサウンドも最終版に近い形のもの
を目指して組みこんでいく期間でもあります。

■ プロトタイプ版で開発したコアな部分を拡張して全体を作り上げる

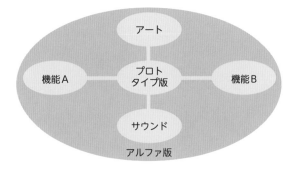

● アルファ版を開発する目的

　プロトタイプ版の目的は『おもしろさ』の確認でしたが、アルファ版では**全
体の品質と手触り感を確認する**ことが目的となります。プロトタイプ版開発時
に並行して進めていたアートやサウンドを結合することで全体がどのようなモ
バイルゲームになるのかが見えてきます。

様々な要素を実際に組み込み完成図が見えることで、そのゲームがどのような品質で仕上がるかを予測します。またプロトタイプ版で開発した箇所を含めて全体の操作感や画面遷移を通して追うことで、手触り感も合わせて確認します。

◉ 手触り感とは何か

モバイルゲームの開発の現場でも、数年前から『手触り感』という言葉を見かけるようになりました。おそらくこの言葉も人や組織によって解釈が大きく変わる言葉ですが、おおまかに言うのであれば**『ゲームを操作した時の気持ちよさに起因する体験』**と表せます。

元々ブラウザゲームから始まったモバイルゲームは、そこで体験できるものがその端末やブラウザの機能に大きく制限されていました。一事が万事、ボタンを押して、通信をして画面を読み込んで……という状態だったため、手触り感という概念は非常に希薄でした。そんな時期が数年続いた後にスマートフォンが登場しました。タッチパネルを直接触って操作するという概念が浸透するに従って、モバイルゲームにも『操作する』という体験が生まれだしたのです。もちろんコントローラを使った体験とは全く別のものにはなりますが、タッチ操作は独自の進化を遂げました。その結果、モバイルゲームでも操作した時の気持ちよさは非常に重要な要素となり、それが『手触り感』という言葉で表現されるようになったのです。

■ 端末の進化によってモバイルゲームにも『手触り感』が生まれた

● ベータ版とは何か

　アルファ版で作り上げた**基本的なゲームサイクルに肉付けを行い、さらに配信時に必要なデータを全て盛り込んだもの**をベータ版と呼びます。アートやサウンドを含めた全てのアセットを量産して入れ込み、配信を想定した最終段階になります。

　様々な事情はありますが、大抵の場合は当初想定していたよりも開発のボリュームが膨らみ、それに伴い全てのセクションの作業も増大していくため開発の最大の山場になることが多いと思います。

● ベータ版を開発する目的

　ベータ版開発の最大の目的は、**企画時に想定したおもしろさを全て詰め込み、世に出せる状態まで整えてモバイルゲームを完成させる**ことです。加えて、開発中のノウハウを元に**配信後の具体的な運用計画を立てるための情報を得る**ことも重要です。

　ベータ版の開発工程の中で、モバイルゲームが含む様々な要素をどの程度の作業工数で作ることができるかを見極め、アルファ版の開発時には定まっていなかった開発におけるルールやポリシーも明確にし、最適化が進むことによって見積もりの精度が上昇します。これによって運用計画をより具体的に検討できるようになるのです。

　また、全ての開発者にあてはまることではないのですが、モバイルゲームがアートでもあり商品でもあるという性質上、作り手は環境さえ整っていれば細部にこだわり続けてしまうことがあります。

　しかしそれではいつまでたってもユーザーにゲームを届けて楽しんでもらうことはできませんし、事業の場合は組織を維持できなくなってしまいます。自分たちが届けたいアート性を保ちつつ、商品として成立するラインを設定して、ひと区切りにすることもベータ版開発の重要なポイントです。

● アルファ版とベータ版の違い

アルファ版とベータ版の違いですが、基本的には詰め込まれているボリュームの差が最も特徴的です。モバイルゲームとしての根幹はアルファ版の時点で定まっていることが理想的です。

とはいえ肉付けを行っていくと様々なイレギュラーやバリエーションを検討することも必要になります。また細部の調整や演出の追加なども行われるため、ベータ版開発が順調に成功すると、アルファ版とは見違えるような完成度になっていることもあります。

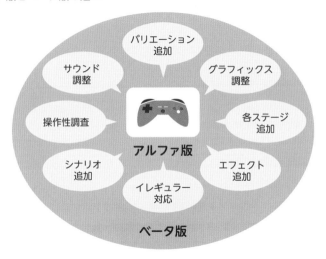

■ アルファ版とベータ版の違い

✏️ **まとめ**

▶ **アルファ版は全体の品質と手触り感を確認**

▶ **ベータ版は肉付けを行いゲームの完成形を確認**

▶ **ベータ版は単純に肉付けを行うだけではなく、様々な調整を行う**

21 プレイサイクルの設計と 仕様書の作成

モバイルゲームでは中心となる遊び要素を含めたプレイサイクルを設計することが一般的になっています。そしてここではゲームの設計図となる仕様書作成についても併せてご紹介します。

● プレイサイクルとは何か

　プレイサイクルとは、文字通り**遊びをどのように循環させるかの設計**を指します。モバイルゲームはスマートフォンをプラットフォームとしているため、どうしても隙間時間で遊ばれることが多くなります。インゲームがおもしろいことは当然として、その魅力をより引き立たせて熱中してもらうためのアウトゲームの設計が重要になります。

■RPGにおけるプレイサイクルの例

バトルで素材を入手　　　　　素材を強化　　　　　より強い敵とバトル

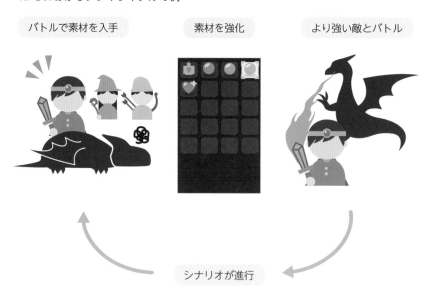

シナリオが進行

● プレイサイクルの設計

　プレイサイクルを設計する際には、まずインゲーム部分がどのような要素でできているかを再度検証します。

　プロトタイプの開発でインゲームの要素はある程度見えているはずなので、それをベースに設計を進めます。インゲームがいかに魅力的でも、ずっと変化なく同じことをやっていては飽きてしまいます。そのためにどのような要素があり、それをどのような経路で変化や成長をさせるかを検討し、必要に応じてマネタイズ要素をどこに配置するかも含めて設計を行います。完成度の高いモバイルゲームはプレイサイクルもよく練られています。

● プレイサイクルが売り上げを左右する

　プレイサイクルとは文字通りサイクル、循環させることが重要です。何かの要素が分岐したままどこにも繋がっていないとか、逆にあらゆる要素がしっちゃかめっちゃかに絡んでいるとうまく循環できません。循環ができていないモバイルゲームは、特に商品として配信している場合は売り上げに致命的な影響を与えます。

　日本で配信されている多くのモバイルゲームはアプリ内の課金によって成り立っています。ゲームを遊ぶ中で様々な欲求が生まれ、それを満たすために課金をする作りになっています。そのためプレイサイクルの完成度が低いとそれらの欲求が生じにくく、売り上げが伸びないという結果に繋がります。完成度が高ければ売り上げが比例して高くなるとも言えないので苦しいところですが、失敗には必ず理由があるものです。そしてプレイサイクルはゲーム全体を構成するものであるため修正が非常に難しく、その影響はじわじわと売り上げと運用コストに現れてきます。

■ プレイサイクルの設計で決まる

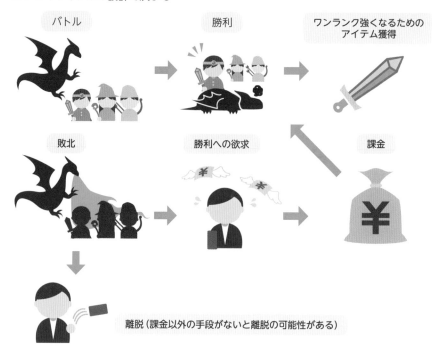

● プレイサイクル設計のキモ

　プレイサイクルを設計する際にはインゲームの要素を検証し分解することが
最初の仕事になります。あらゆるパラメーターを拾い上げ、どのように成長や
変化をさせるかを検討し、プレイサイクルを構築します。そしてプレイサイク
ル設計で最も重要なポイントは、**運用側でコントロールできるキーとなるパラ
メーターを設定する**ことです。

　全てをがんじがらめにしてしまうとゲームとはいえ窮屈すぎる印象を与えて
しまいますが、遊びがワンランク進むポイントを見極め、そこをコントロール
することで適度にストレスを生じさせることができます。一般的には、それま
で順調に進んでいた中で見えてくる壁、それを乗り越えるために必要な要素に
設定することが多いかと思います。この要素が簡単に入手できるものだと壁が
壁として機能しなくなってしまうため、退屈なゲームになってしまいます。

● アルファ版における仕様書の作成

　仕様書における基本的な内容や重要性は3章で記述しました。ここではアルファ版において作成する仕様書について説明します。

　プロトタイプ版開発時はインゲームを中心に作成していた仕様書ですが、アルファ版では**ゲーム全体の構造やプレイサイクル**まで、範囲が広がります。各画面にどのような要素を表示してどのような遷移をするのか、また様々なパラメーターや通信が必要な箇所や扱う情報についても詳細に記載します。この段階まで進むと作業量が膨大になるため、担当箇所を割り振って複数人で作成することになります。

　そのためツールもウェブベースのものを活用し、記載内容やルールを設定した上で作業を進めます。

● ベータ版における仕様書の作成

　プレイサイクルを含む基本的な仕様はアルファ版で作成しているため、ベータ版では追加された要素やバリエーション、イレギュラーに関する記載の追加が必要になります。またモバイルゲームで扱う様々なデータを管理するマスタ項目のルールもこの段階で詰めていきます。

　さらにベータ版では**運用を見越した様々な方針の設計**が非常に重要になります。どの要素をどの程度消費すると何が獲得できるのか、それをどのくらいの期間で達成できるようにするかなど、レベルデザインも含めた重要な方針を記載する作業も仕様書の作成に含まれます。

まとめ

- ▶ **プレイサイクル設計は遊びを循環させるためのもの**
- ▶ **プレイサイクルは売り上げを左右する重要な役割**
- ▶ **仕様書は、アルファ版ではゲーム全体、ベータ版ではデータに関する内容を追記する量が多い**

22 アルファ版の技術検証

プロトタイプ版制作を通過したゲームは、次にアルファ版制作に入ります。アルファ版の内容は会社やプロジェクトによって違いますが、例えば1つのステージはほぼ完全に遊べる状態のものを制作します。

● 開発環境の構築

アルファ版開始が決まると、これから先の開発が**効率的に行えるような環境を構築する**ことが必要です。

ゲームエンジンは大抵プロトタイプ版で使用したものを使います。ただしプロトタイプ版で作成したプロジェクトは捨てて、新規にプロジェクトを作成することがほとんどです。なぜならプロトタイプ版では制作スピードが重要であるため、とにかく力技で動くものを作成するので、コードやデータの整理もほとんど行われていないからです。

新しくゲームのプロジェクトを作成すると、最初にコードやデータなどゲームに必要なファイルの置く場所を決めるためにフォルダの構成を考えます。フォルダ構成は主にエンジニアが決めていきますが、グラフィックスアセットのフォルダ構成はテクニカルアーティストが決める場合もあります。

またプログラムソースコードの作成には、プロトタイプ時より多くのエンジニアが参加してくるので、コーディング規約やソースコード管理の方法、ビルド及び配布の方法などを決めます。

チーム全体としては、これら決めたことや仕様書、技術的なドキュメントを全員で共有するために保存して置く場所をどこにするか、チャットツールはどれを使うか、プロジェクトの進行管理の方法はどうするかということも決めます。

■ 開発環境を決める

仕様書

コーディング規約

ドキュメント

Confluence

slack

Chatwork

GitHub

unity

UNREAL
ENGINE

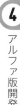

● ターゲットとするスマートフォンのスペックの決定

　作成するゲームを動かす上で必要となるハードウェアスペックから、**ター
ゲットとする推奨端末**や、**最低動作保証端末**を決めていきます。デバイスは
Android、iOSの両方に開発するか、タブレット端末も動作対象とするかも決め
ます。

　またOSの最小対応バージョンも決めます。AndroidやiOSでは、OSのバージョ
ンによって使用可能なAPIが変わる場合があるのでどのOS以降に対応するか
は技術的側面からも考慮が必要です。

　またガイドラインや審査基準は毎年のように変わります。これは事前にアナ
ウンスがあるので、ゲームをリリースする時期にどうなるかも考慮する必要も
あります。審査を受け付ける最低OSバージョンの変更というような、OSのバー
ジョンに関係する変更がある場合があります。

　iOSは新しいOSに移行する速度が速く、リリース時期には新しいOSに対応
しなければならないこともあります。AndroidはユーザーのOSのアップデー
ト速度が緩やかで、比較的古いOSの端末でも動くようにする必要があります。
どのOSのバージョン以降を対応とするかはOSのバージョン別のシェアも考
慮して決めます。

ここで決めた最低動作保証端末と推奨端末は開発時でも使用しますし、リリース前のQAで必ず動作確認することになるので、事前に準備しておきます。

■ スマートフォンのスペックを決める

色々なスペックの端末

CPU ?
メモリ容量?

GPU ?
OS ?

● データ制作方法の決定

　ベータ版で始まる各種データの量産に備えて、技術的課題をアルファ版の段階で試行錯誤を繰り返してクリアした上で、どのようなデータフォーマットにするか決定します。

　グラフィック関連のデータの作成方法はデザイナーとエンジニアで協力して決めて行きます。どのデザイナーがデータを作成しても同じ仕様のデータができあがるようにします。例えば、3Dモデルの体のパーツを変更できるようなゲームの場合、パーツを変更するためにどの様にデータを作成するか決めておく必要があります。

　その他には、ゲームの各種パラメーターとなるマスターデータをどのように作成・編集できるようにするかも決めます。開発環境での反映方法や、実機ではどのように保持するかも考えないといけません。アルファ版段階では、後々ダウンロードで更新するようなデータも予めクライアント側に入れておくことが多いです。例えばGoogle Sheetsでマスターデータを作成する場合、開発中

のPC上ではスプレッドシートのAPIによって即時に取得できるようにしておき、プランナーの変更を開発環境ですぐ反映できるようにしておけば、パラメーター調整はプランナーに任せてしまうことができます。

　またローカライズのデータもどのように作成して反映するかも決めておいた方が良いです。後から対応するのは結構大変です。

■ データの作成方法を決める

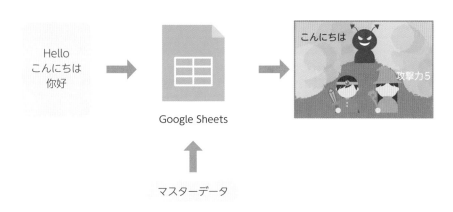

データをどう作成して反映する？

Hello
こんにちは
你好

Google Sheets

マスターデータ

こんにちは

攻撃力5

● ミドルウェア・プラグイン・オープンソースソフトウェアの選定

　プロトタイプ版で使用したゲームのコア部分で使用したプラグインの評価結果によって、そのプラグインを継続して使用するか、あるいは新規に開発するか等を決定します。

　また、ゲームとは直接関係ないが開発時にあると便利なプラグインも導入しておきます。例えば、開発中のゲームの実行時のログを色分けしたり、デバッグ情報を表示しパラメーターを変更できるような開発支援のプラグインがあります。

　プラグインはUnityやUnreal Engine 4であれば専用のストアがあるのでそこで購入できます。購入したプラグインはライセンスがクリアになっているので、そのプラグインを使って開発したゲームを販売しても問題ありません。

ライセンスに注意が必要なのはオープンソースソフトウェアを使う場合で、最初に良く確認しておく必要があります。

　販売されているミドルウェアを使う場合は使用料がどのような体系になっていてどのぐらいかかるのかを確認して導入するかどうかを決めます。ミドルウェアの選定によく上がるのは、サウンド周りです。Wwise、CRI ADXはよく使われているようです。

■ アセットストア

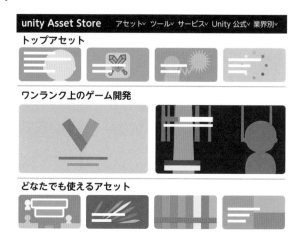

● サーバーの選定

　プロトタイプ版でサーバーを使わずに制作することもありますが、アルファ版になると必要なサーバーを使用することになります。そこでサーバーをどこに立ててどう構成するかを決める必要があります。

　まずサーバーに必要な機能を考えます。多くのモバイルゲームでは、WebAPIを使うので**Webサーバーまたは WebAPIと同等の機能を持つサーバー**が必要です。Amazon AWS EC2やGoogle Firebase Functionsなどが良く使われます。

　ユーザーデータを保存する**データベース**も必要になります。データベースは種類がいくつかあるので最適なものを選びます。モバイルゲームではMySQLが使われること多いと思います。

ゲームのアセットは巨大になりがちなので、アセットデータを置いておいてダウンロードする**ファイルストレージ**も必要です。Amazon AWS S3 やFirebase Cloud Storage等を使います。

　他にはリモートプッシュ通知を送る機能や認証サーバーも必要であれば使います。MMOのようなゲームであれば、ユーザー同士のデータをリアルタイムに同期するサーバーも必要になるでしょう。

　アルファ版においては、費用のあまりかからないサービスとプランで小さく始めるのが良いと思います。ベータ版のときにスケールアップできるかは確認しておきます。

■ サーバー構成を考える

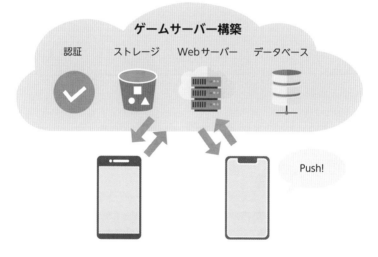

ゲームサーバー構築

認証　　ストレージ　　Webサーバー　　データベース

Push!

> **まとめ**
>
> ▶ **アルファ版では今後の制作をスムーズに進めるためのクライアント・サーバーそれぞれ開発環境を整える**
>
> ▶ **ターゲットとするスマートフォンの最低動作保証端末や推奨端末を決めておく**
>
> ▶ **量産に向けたデータの作成方法を決めておく**

23 アートのディレクション

アルファ版ではモバイルゲームの看板とも言えるメインビジュアルやキャラクターのデザインが本格的に始まります。どのようなアセットをどのような考え方で制作するかを説明します。

● アルファ版以降におけるアート制作

　プロトタイプ版開発ではゲーム性がわかる程度の最低限に抑えられていたアート関連のアセットですが、アルファ版以降はその開発と制作が本格化します。この時点で、今後の開発に必要なパーツがおおよそ見えているため、まずはその仕様を決めるところから手をつけていきます。

■ プロトタイプ版を基に必要なパーツを検討する

RPG
武器
キャラ
バトル

・各シーンで必要な素材は何か？
・UIはどのような動きを持たせるか？
・アート全体の方向性はどうするか？
・エフェクトや演出はどうするか？
・どのように実装するか？

● アート全体のディレクション

　モバイルゲームのアートも、スマートフォンの機能向上に合わせてクオリティーへの要求がどんどん高まっています。手法も表現の幅も様々で、またどのような演出を行うかでもコストが変わります。そのためアートのディレク

ションを総括するアートディレクターを中心にプロデューサーやディレクターとも連携し、そのゲームにとって最適な表現手法を検討することから手をつけていきます。

　表現の方向性が固まったら、それが量産可能な手法は何かを模索します。イラストやアートは属人性が高くなりがちですが、モバイルゲームでは開発だけではなく運用も含めて多くのデザイナーと協力して開発する必要があります。そのためアートディレクターは表現と量産コストの落としどころをしっかりと定め、いかにクオリティーを維持できるかも視野に入れてディレクションを行います。

● キャラクターのデザイン

　ゲームアートの看板とも言えるキャラクターのデザインは、やりがいも大きいですが難易度も高い作業のひとつです。キャラクターのデザインを誰が行うのかはプロジェクトによって変わりますが、いずれにしてもプロジェクトの方向性やプロデューサーやディレクターの意図を汲み、そのモバイルゲームに最適なキャラクターを生みだす必要があります。

　キャラクターデザインが完成した後は、実際にゲーム内で使用する素材やイラストなどを発注するために、詳細な設定を行います。その資料を基に複数のイラストレーターやデザイナーが関わり、デザイン作業を進めます。また監修担当者は仕上がってきたアセットが指示どおりにできているか確認を行い、ずれている場合はどのようにずれているかまでチェックして修正の依頼を行います。

● 実装用のキャラクター制作

　キャラクターのデザインができあがると、次は実際にゲームの中で動かすためのパーツや素材の制作に入ります。

　ゲームの内容によっては、デザインの頭身が変わることもあるため、その場合は別途頭身別のデザイン設定が必要になる場合もあります。頭身を下げてデフォルメを行う場合、どこを強調してどこを省くか、どのように頭身を変える

かなど、単純に小さくしているだけではないため、実は非常にセンスを要求される行程です。また2Dの場合、ここで作るパーツ類はどこをどのように動かすかを考えて部位ごとにレイヤーを分けて作ります。3Dの場合はここでできあがった設定図を基にモデルを作ります。

■ デフォルメはセンスが重要

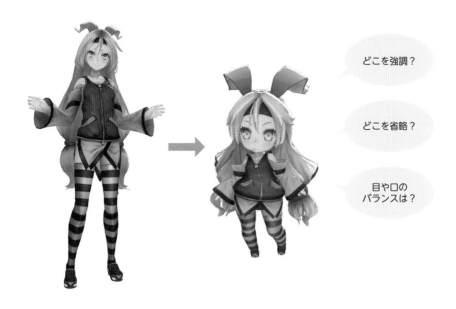

どこを強調？

どこを省略？

目や口の
バランスは？

◯ モーションの設計

　主にバトルやアクションを含むモバイルゲームの場合、キャラクターなどをどのように動かすかを設計する必要があります。最近は3Dだけではなく2Dでも、複数のパーツをパスで制御して動きを表現することが増えています。これによって静止画であってもいきいきと動かすことができるのです。

　しかし全てのキャラクターにユニークなモーションをつけるのは現実的ではありません。そのためモーションの設計では、**どこまでを流用してどこからをユニークにするのか、どこにコストをかけて独自の表現を追求するか**を検討して進めます。

■ モーションはコスト感を持って検討する

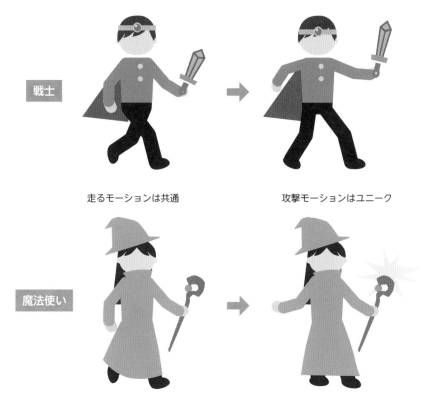

戦士

走るモーションは共通　　　攻撃モーションはユニーク

魔法使い

● 背景や素材のデザイン

　背景や素材のデザインは、**世界観を表現するための重要なポイント**になります。そのモバイルゲームで表現する世界がどのような存在なのか、じわじわと説得力を上げる効果が非常に強い要素です。

　例えばRPGの場合、その世界の文化レベルや人々の暮らしぶりまで考えた上でデザインします。そのため、遊んでいる中で世界観を特に意識をしていないプレイヤーでも、視界に入る情報からなんとなくこういう世界なんだなということを認識してもらうことができるのです。ただの背景でも、そこに描かれている建築物や植物、様々なところに情報を埋め込むことが可能です。それらが積み重なり、そのゲームの世界を表現していくのです。

● IP（知的財産）を使用する際の監修

　IPを使用する場合、基本的にはそのIPの権利を所有している組織の監修を通します。どこまで制作側に裁量を持たせるかは開発中に徐々に変化する場合がありますが、重要なポイントではしっかりと監修を通し、そのIPの魅力を最大限表現できるように努めることが重要です。ちょっとした変化でも、そのIPのファンに違和感を与えてしまい、結果的に信頼を失うことにつながる可能性があります。IPを取り扱う場合は、その作品への愛を忘れずに向き合いましょう。

■ IP（知的財産）の監修

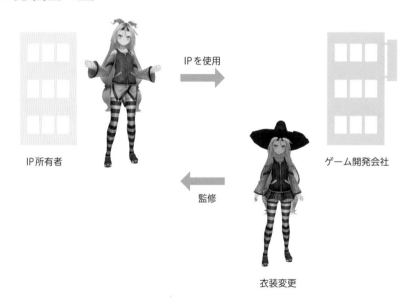

まとめ

▷ **プロトタイプ版の内容を踏まえて必要な素材や実装方法を検討する**

▷ **運用を見据えた設計を行う**

▷ **IPを取り扱う場合は愛を持って慎重に**

24 UIの設計

モバイルゲームでは手触り感も重要です。ここではユーザーがゲームに直接触れる
窓口になるUIを設計する際の流れを説明します。

● UI設計の重要性

　普段何気なく楽しんでいるモバイルゲームには必ずUIがあり、それが窓口
となってアプリ内の様々な処理を実行します。あまりにも当然のように存在す
るため重要性を忘れがちですが、UIの設計やデザイン、実装方法によってその
ゲームの体感が大きく変わることがあります。

　良いUIはそのゲーム本来の魅力を100%引き出すことができますが、適切に
設計や実装がされていないUIでは魅力を引き出すどころか足を引っぱること
になります。空気のように存在していて不快感を与えないUIがもたらす恩恵
はわかりにくいこともありますが、モバイルゲームの価値に大きく影響するこ
とは理解できるかと思います。

● UI設計の流行について

　UIの設計にはある程度の普遍性や流行があります。わかりやすい例でお話し
すると、『はい』『いいえ』のボタンを左右どちらに配置するかなどが挙げられ
ます。

　日本語や英語などを横書きする場合は左から右に読むため、スマートフォン
普及前は『はい』が左側、『いいえ』が右側にあることが一般的でした。しかし、
スマートフォンが普及して端末操作を指で直接行うようになった結果、『はい』
が右側、『いいえ』が左側に置かれることが増えてきました。これは親指で操作
することを前提とした変化と思われます。一般的なアプリは、肯定、つまり『は
い』を押して進行させることが基本です。そのため親指が届きやすい右側に『は

い』を配置した方が指の動きを少なくすることができるため好まれるようになりました。

　各OSプラットフォーマーもその思想を推進させた結果、現在配信されているアプリの多くでは『はい』を右側に配置するようになりました。これらのルールから逸脱したUIを設計してしまうと、意図せぬ誤動作や不快感を生むことにもなるのです。

■ スマートフォン普及後、『はい』と『いいえ』の配置は逆転した

フィーチャーフォンではカーソル操作を
考慮して、上下、または左に「はい」
右に「いいえ」の配置が多かった

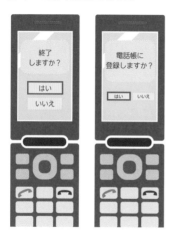

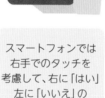

スマートフォンでは
右手でのタッチを
考慮して、右に「はい」
左に「いいえ」の
形が多い

例外：ユーザーに
とって不利益になり
える選択の場合は、
配置をあえて逆にし、
誤操作防止を
することもある

● ワイヤーフレームの設計

　UIの設計やデザインをする際に、まず最初に作るものがワイヤーフレームです。これは**画面内の要素をどのように配置するかを決めるために作成する、各表示物を矩形で配置したもの**です。

　仕様書に基づいて、その画面ではこの情報があると良い、逆にこの情報は過剰になってしまうため省くなど、この時点で表示する情報の精査も行います。どこからをUIデザイナーが担当するかは組織によって異なりますが、このワイヤーフレームの設計が後々重要になるためプランナーとデザイナーが協力して作業をすることもあります。

■ ワイヤーフレームの参考イメージ

ホーム画面で
「お知らせ」情報
出したいです。

プランナー

表示追加して
みます！

デザイナー

○ 設計ポリシーの策定

　ワイヤーフレームの作成を進める中で、いくつかの画面で似たような要素を扱うことも出てきます。その場合どのように類似させるのか、また差別化を行うのかなど細かなルールを作る必要があります。これがないと複数人でUI設計を進行させた際に統一感がなくなってしまいます。中心となるUIデザイナーがこれらの設計ポリシーをまとめ、全体を進行させます。

○ ビジュアルデザインの検討

　ワイヤーフレームで各画面の情報が整理できると、次にビジュアルデザインの検討に進みます。ここでは**モバイルゲームの見た目をどのように魅力的に演出するか**という観点が必要になるため、アートディレクターと連携して進めることになります。そのモバイルゲームで伝えたい世界観にも影響が出るため、イメージを持ちよって**トンマナ（トーン＆マナー）**しっかりと固めていきます。

　また、このタイミングでフォントの指定も行います。同じ内容を表示していても、受ける印象はフォントによって大きく変化します。これら見た目に関わる全てをじっくりと検討してそのゲームに合ったデザインを決めていきます。

■ フォントによっても印象が変わる

太めで力強い ── **世界の命運は君たちに託された！**

セリフのような表現 ── 世界の命運は君たちに託された！

丸みがあり可愛く
柔らかい雰囲気 ── 世界の命運は君たちに託された！

● UIデザインの制作

　ワイヤーフレームとトンマナが決まると、いよいよ各画面のUIデザインに進みます。ビジュアルイメージを崩さず、必要な情報を整理して詰め込み、必要に応じて多言語対応も視野に入れて各要素をデザインしていきます。

　そして実際にパーツを作っていくと、ワイヤーフレームの段階では見えていなかった問題を発見することがあります。例えばワイヤーフレームでは矩形で表現していた要素にデザインをあてた結果、背景やほかの要素とぶつかってごちゃごちゃしてしまったり、また画面ごとには問題なく表現できていても画面を遷移して表示するとちぐはぐな印象になってしまうなど様々です。

　これらをひとつひとつ整理し、必要であればワイヤーフレームやトンマナを修正して作業を進めます。

● UIの実装

　UIの実装も分業化が進んでいます。ミドルウェアを駆使して制作を進めている場合、エンジニアは要素と処理を実装し、各要素の配置や動きの調整をデザイナーが担うことも増えています。

そしてこの段階になると、一部の要素には動きがついてきます。タップした時や何かを達成した時など、プレイヤーに必要な情報が変化した際には動きと音で伝えることになります。デザインの段階である程度想定して作成していますが、実際に動かしてみると受ける印象も変わってくるためここでしっかりとブラッシュアップしていきます。

■ UIの実装

サウンド・エフェクト

UIの動き

実際に動かしてみると受ける印象も変わってくる

まとめ

▸ **UIによってモバイルゲームの魅力をどのくらい引きだせるかが変化する**

▸ **世界観に合わせたビジュアルデザインが重要**

▸ **一部の実装はデザイナーが担うことも増えている**

25 演出とエフェクトのデザイン

モバイルゲームでは様々な手法で各シーンを演出しています。またここではゲーム中で使用するエフェクトなどを作る工程についてもお伝えします。

● モバイルゲームにおける演出とは何か

　スマートフォンの性能向上によってモバイルゲームの表現手法もより自由に高度なことができるようになっています。ゲームにおける演出とは、**各画面で表現したい情報をより効果的に魅力的に伝えるための要素**です。

　例えば2Dの横スクロールゲームの場合、背景の動きに変化を持たせて奥行き感を出したり、スクロールを開始するタイミングや速度など細々とした制御を行います。また3Dであればカメラをどのように動かすか、被写体をどのように画面内に納めるかなども考慮してモバイルゲームの魅力を引き立てます。

　完成度の高い演出ができている場合とそうでない場合では没入感に変化が出ます。これもUIと同じくわかりにくいものですが、UXを高めるための非常に重要な要素のひとつです。

● 演出とエフェクトは別物

　ひとつのチャプター内でまとめてお伝えすることにしましたが、演出とエフェクトは切り分けて考えるようにしてください。演出はモバイルゲーム全体を通して行い、その**没入感を高めるもの**、エフェクトは**各シーンなどで表示する、演出の一部を担うもの**として記述します。

　エフェクトは演出の一部だが、演出＝エフェクトではないという点に留意して読み進めてください。

○ モバイルゲーム全体の演出は誰が担当するのか

アニメや映画と違い、モバイルゲームでは演出を専門に行うメンバーはいません。強いて挙げるのであればシナリオノベル箇所を担当するスクリプターは演出家と呼べるかもしれませんが、ゲーム全体を演出するわけではありません。

モバイルゲームでは各画面を担当しているメンバーが知恵を絞り、相互に協力して作り上げています。もちろん他業種でのノウハウを持っているメンバーがいればそれは強力に作用しますが、まだ歴史の浅い業界であり、かつ制作するものが複雑なため専門職が成立しにくいのが現状かと思います。最終的な完成度はディレクターが担保するため、全体の演出を統括するのはディレクターと言えます。

■ 映像業界とは違うゲームの演出事情

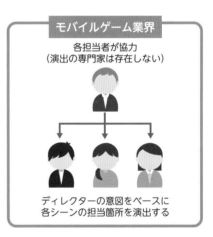

○ エフェクトのデザイン

サウンドのエフェクトは**SE（Sound Effects）**ですが、ビジュアルのエフェクトは**VFX（Visual Effects）**と呼びます。

モバイルゲームにおけるエフェクトとは、その画面で何が行われているかを伝えるための表現です。例えばバトルシーンで攻撃するシーンの場合、敵を狙

い、武器を構え、攻撃を行うという流れの中で、そのキャラクターが今何を行っているのかを明確に伝える必要があります。それらを伝えることができないとその画面で何が行われているのかがプレイヤーは全くわからず、何を達成して何に失敗したのかもわからなくなってしまいます。

エフェクトのデザインとはそれらの**どこを強調して、何を伝えるかを考え、設計する**ことと言えます。

■ エフェクトは画面内で何が起こっているかを伝えるもの

● 何を強調するかが重要

エフェクトは各画面の情報をどのように伝えるかを設計するものと前述しました。仮にこの設計がなく全ての動作にエフェクトをつけた場合、リアルにはなるかもしれませんが情報過多にもなってしまいます。

日常の中で、人間はその瞬間に必要としていない情報を無意識に無視しています。それらを画面の中という狭い範囲で強制的に詰め込んで表現してしまうと、何が重要な情報なのかがわからなくなってしまいます。

そのため、エフェクトにはそれぞれ優先順位をつけ、強調するべき情報から伝えるように制御する必要があります。

● VFXの専門家

　モバイルゲームで使用するVFXは多岐にわたるため専門家が存在します。肩書きとしてはエフェクトデザイナーやVFXアーティストと呼ばれることが多いかと思います。各画面、各シーンの細部までイメージしてVFXを制作し、ゲームの完成度やクオリティーを上げることに貢献しています。

　現在では市販のツールを使用することが大半ですが、独自エンジンの場合はプログラミングから実装まで担当するテクニカルなポジションでもあります。

■エフェクトデザイナー、VFXアーティスト

✎ **まとめ**

- ▶ **モバイルゲームの演出は没入感を高めるもの**
- ▶ **エフェクトは演出の一部**
- ▶ **エフェクトは画面で起こっている情報を的確に伝えることが重要**

26 サウンドのディレクション

モバイルゲームの演出に欠かせないものがサウンドです。ここではサウンドの設計やディレクションについてお話しします。

● サウンドは何のために入れるのか

極論を書いてしまうのであれば、サウンドがなくてもモバイルゲームは成立します。実際に、この本を読んでいる方でも音を消してゲームを遊んでいることがあるのではないでしょうか?

しかしそこに音が加わることで、より強く世界を表現し、感情を刺激し、操作の快感を伝えることができるようになります。モバイルゲームの体験を一段階上げるためにサウンドを入れるのです。

● サウンド全体のディレクション

ベーシックな手法はあるものの、アートほど明確なディレクション指標を作りにくいのがサウンドです。乱暴な言い方をするのであれば、サウンド自体が一定のクオリティーさえ満たしていればどんな楽曲や音をあててもゲームは成立してしまうのです。そのためサウンドディレクターの手腕によって表現が大きく変化することがあり、それがそのゲームの個性や魅力につながっている場合もあります。

プロジェクトの方向性を守り世界観を表現して統一感を出し、さらに新しい表現を追求することがサウンドディレクションの重要なポイントです。

■ 世界観を表現するサウンドディレクション

サウンドで
雰囲気を作る

恋愛・悲しいときなどは
感動的な曲に

戦いの前などは、力強く
気分を盛り上げる曲に

新しい表現

ゲームの世界観を
担保しつつ、
新しい表現を追求
するのもサウンド
ディレクションの
ポイント

かわいい絵柄

＋

ロック　　　　　ジャズ

ヘヴィメタル　　オーケストラ

アルファ版開発

● 各シーンごとのBGM設計

　全体の表現としては様々なチャレンジがあってよいのですが、全体としての統一感と各シーンごとの感情に寄り添う設計を外してしまうと雰囲気が壊れてしまいます。モバイルゲームでは様々なシーンがあり、それぞれの画面によって表現するべきものが変化します。場合によってはメインテーマなどと違うジャンルや楽器構成の楽曲が必要になるかもしれません。**感情を刺激するためにどのように盛り上げるか、緩急をつけるか**を考えながら各シーンごとのBGMを設計します。

　また。コンシューマーゲームとモバイルゲームで最も大きな差が出る点が、各画面の滞在時間です。コンシューマーゲームと比較して、モバイルゲームでは各画面の移り変わりが早くなっている場合がほとんどです。その場合、いくら格好いい楽曲を制作しても、楽曲が盛りあがる前に違う画面に切り替わってしまうこともあり得ます。BGMはシーンごとの滞在時間も含めて設計し、制作する必要があります。

■ シーンごとの滞在時間をイメージした設計

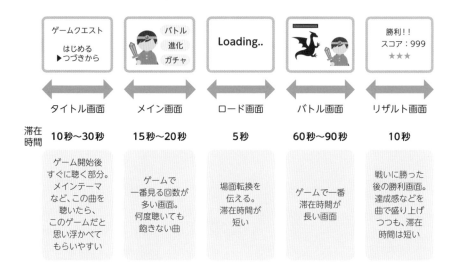

	タイトル画面	メイン画面	ロード画面	バトル画面	リザルト画面
滞在時間	10秒〜30秒	15秒〜20秒	5秒	60秒〜90秒	10秒
	ゲーム開始後すぐに聴く部分。メインテーマなど、この曲を聴いたら、このゲームだと思い浮かべてもらいやすい	ゲームで一番見る回数が多い画面。何度聴いても飽きない曲	場面転換を伝える。滞在時間が短い	ゲームで一番滞在時間が長い画面	戦いに勝った後の勝利画面。達成感などを曲で盛り上げつつも、滞在時間は短い

◉ SEの設計

　SE（Sound Effects）の演出方向性も基本的に統一するべきではありますが、モバイルゲームの演出では現実に発生する音ではないものが必要になる場合があります。例えばビームや魔法、モンスターの咆哮などが相当します。これらは想像で作ることになるのですが、そこにどの程度リアル感を混ぜ込むかが演出として重要になります。

　また、現実で発生する音であっても、そのままではゲーム内の表現としてはインパクトが足りないものも存在します。その場合は、どのような音がなると気持ちよいイメージにできるかを考えて加工を行います。

　いずれにしても、**ゲーム内で表示されている絵柄や表示物を踏まえて演出を検討する**必要があります。そしてさらに重要になるのが、SEの優先度です。様々なSEを用意して、その全てを必要なタイミングで鳴らしてしまうと本当に目立たせたい音が聞こえなくなってしまう場合があります。その場合、SEに優先度を設定して聞かせるべき音をしっかりと鳴らすための処理が必要になります。このあたりもゲームならではで、現実とは違う点のひとつです。

● ボイスのディレクション

最近のモバイルゲームではほぼ必須の要素となっているのが声優さんの演技によるボイスです。実績のある声優さんにはファンもついていますし、何よりもやはり声による説得力の高さは素晴らしい演出につながります。

その収録の際に注意が必要なのが、**感情表現や言葉回しのディレクション**です。同じ文章でも感情表現によっては全く別の内容に聞こえますし、テキストでは気にならなかった表現が音読すると伝わりづらいこともあります。そのため、収録時のディレクションではシナリオ内容をしっかりと把握し、必要に応じて声優さんに意図を説明して演技をしてもらうことが重要です。

● サウンドの実装

ミドルウェアによる開発が今ほど活発ではなかったころ、サウンドの実装は全てエンジニアが行っていました。そのため、実装した後に音を聞いて調整したくなった場合でもサウンド担当者だけでは行うことができず、待ち時間が発生することがありました。

現在はミドルウェアの発達によってエンジニア以外でもサウンドの調整を行うことができるようになりました。エンジニアは各タイミングにサウンド発音用のトリガーを設定しておき、サウンド担当者がどの音をどのように鳴らすかを設定できるのです。 前述したSEの優先度なども設定できるため、開発効率は大きく上昇しました。

まとめ

- ▶ サウンドはモバイルゲームの体験を一段階上げる効果がある
- ▶ 世界観を表現できるのであれば音楽ジャンルを縛る必要はない
- ▶ サウンドの実装はエンジニアとサウンド担当者で分業化が進んでいる

27 アルファ版のテストプレイ

アルファ版のテストプレイではゲームの方向性を定めて、手戻りを減らすための検証を行います。アルファ版テストプレイの段階では、未実装機能があったり、動作が不安定であったりします。

● ゲームの方向性を決める

　実際にゲームを遊んでみて企画の方向性をしっかりと定めます。ここが決まっていないと、後からゲームの根幹部分の変更が発生しプロジェクトの進行に大きな影響を与えます。特に受託案件の場合はしっかりとクライアントの意向を確認して反映しておくことが重要です。

　重要な要素の見た目であるアート面からグラフィックデザインの方向性を決めます。グラフィックスは複数のデザイナーで作成するので、方向性がしっかりと定まっていないと統一感がとれなくなってしまします。量産の段階で皆が同じテイストのグラフィックスを作成できるようにここでしっかりと決めておきます。

　ゲーム性が決まるとプレイヤーの操作方法が決まってきます。アルファ版では操作方法を色々試すことになると思いますが、操作方法が変わることでゲーム性にも影響することもあります。ゲームの方向性を守りつつ、気持ち良い操作ができるように試行錯誤することになるでしょう。

　アルファ版では一連のゲームの流れを確認できるので、その流れで良いのかを決めることになります。例えば、「ログイン→パーティー編成→雑魚バトル→アイテム取得→強化→ガチャ→ボス戦→雑魚バトル…」というような繰り返し部分がうまく機能するかどうかを確認します。

　最終的には全体を通してゲームのおもしろさを確認します。

■ アルファ版ではゲームの方向性をしっかりと定める

ストーリー

世界観

アート

ゲーム性

ゲームの指針となるコンセプトとなる

● 表現に関する技術的課題を解決する

　ゲームでは数々のエフェクトを使用することになりますが、それらの表現方法をどのように実現するかを確認しておく必要があります。ゲームエンジンには多くの機能があるのでどの機能を使ってどのように作成するのかを決めておく必要があります。例えば、魔法のエフェクトであればパーティクルを使えばどのようなことができるかを確かめておき、ベータ版の量産時に備えておきます。

　アルファ版では色々な試行錯誤を行い、機能を詰め込んでいくことにより処理速度が遅くなっていきます。アルファ版の最後の段階では、この処理速度の改善方法の目処を立てておく必要があります。ターゲットとする最低スペック端末でも十分動くようにしておきます。

　サウンドも実際に組み込んでみて、そのゲームで必要なサウンド表現をするにあたり、ゲームエンジンのサウンド機能で足りるのか、別途サウンドエンジンを用意しないといけないのかを決めておきます。そのことによりデータの作成手順に違いが出てくるため、ベータ版開発前に決めておかなくてはいけません。

■ 表現に関して技術的課題を解決しておく

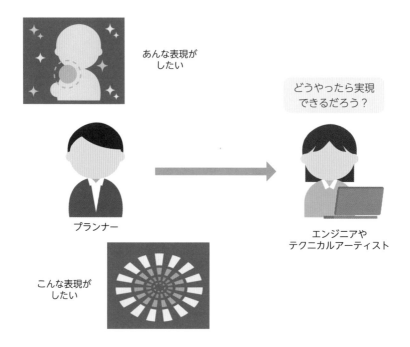

● データ作成の決定

　エフェクト等の各種グラフィックスデータの制作方法を決定できたなら、次にそのデータをどのような手順で量産体制に持っていくか仕様を策定しておきます。どのようなツールを使い、どのようなデータを埋め込み、どのようにマスターデータに入力するかなどを決めます。ドキュメントを作成して、ベータ段階に入ったときに複数のグラフィックデザイナーがその仕様に従い同様の手順でデータを作成できるように準備をしておきます。

　仕様に関してはゲームのキャラクターに必要なデータや各ステージの情報のデータなどのパラメーターを決定して、マスターデータに入力するためのフォーマットも決めておきます。

■ データの作成方法の決定

制作フローの決定

 → →  →

敵のモデルは
こう作ろう

モーションは
これが必要だな

テクスチャは
このフォーマットで

敵に必要な
パラメーターは
これこれで
マスターデータに
入力しよう

データフォーマットの決定

COLUMN モバイルゲーム開発で使うプログラミング言語

　Androidの開発言語は元々はJavaで、2017年にはKotlinという言語も追加されました。
iOSの開発言語は元々はObjective-Cで、2014年にはSwiftという言語も追加されました。
　ゲームエンジンのUnityを使う場合はC#言語です。Unreal Engine 4ではブループリ
ントというノードベースのビジュアルスクリプトが用意されていますが、実際の開発
現場ではC++で多くの部分を実装することが多いです。ゲームエンジンに用意されて
いないOSの機能を使うようなプラグインを作成する場合、インターフェースはC言
語になります。プラグインの中身はAndroidはJava、iOSはObjective-Cで、共通部分
はC++で実装することが多いです。

まとめ

▶ アルファ版テストプレイではゲームの方向性を決める

▶ 表現に関する技術的課題をクリアにしておく

▶ データ量産準備のデータ仕様を策定する

モバイルゲームを開発して販売するには

Android や iOS のゲームを個人で開発して販売することができます。

■Androidの場合

Android の場合は、端末があれば誰でも開発したアプリを実行することができます。設定からビルド番号を 7 回タップすると開発者モードになり、Windows や Mac と USB ケーブルで接続すれば開発したゲームをインストールして実行することができます。

開発したゲームを販売するには、Google にデベロッパー登録する必要があります。登録料は 25 ドルで、一度だけ支払います。

Google の用意している開発環境は、Windows、Mac、Linux で動く Android Studio(無料)という統合開発環境で、言語は Kotlin や Java、C++ になります。

■iOSの場合

開発したプログラムを iPhone や iPad 等の iOS 端末で実行及び販売するには、Apple Developer Program に登録が必要です。これは年間メンバーシップ料金となっており毎年支払う必要があります。2021 年 2 月現在は 11,800 円で、この価格は変動します。

開発ツールは、Mac 上で動く Xcode という統合開発環境 (無料) が用意されていて、言語は Objective-C や Swift、C++ になります。

■ゲームエンジンを使った場合の開発について

Unity を使えば C# 言語で、Unreal Engine 4 を使えば Blueprint で両方の OS 向けに開発が可能です。

Unity で iOS 向けの実行ファイルを作成するには Mac が必要になります。

Unreal Engine 4 で Blueprint のみで作成した場合は iOS の実行ファイルを作成するのに Mac は必要ありません。

Mac があれば、Android と iOS の両方のアプリを開発できます。しかし、特に Unreal Engine 4 の場合はかなりマシンパワーを必要とするため、高性能のグラフィックスボードを積んだ Windows のほうが快適に作業できます。

5章

ベータ版とデバッグ

アルファ版の開発を終えると、いよいよモバイルゲームの全体像がしっかりと見えてきます。次に行うベータ版は、そのゲームの本質はどこにあるのか、何を体験してもらうかを突き詰め、深みを与えつつ量産するフェーズです。基本的な内容はアルファ版開発時とかぶる点が多いため、この章ではベータ版の開発で加えるべき内容と運用に向けた準備について説明します。

28 世界観の構築

世界観は企画書の時点でおおまかに決めてはいますが、細部を詰めたり肉付けをしたりという作業は開発の進行に合わせて変化することもあります。ここではそれをどのように構築するか、考え方の流れをご紹介します。

○ 世界観とは何か

　モバイルゲームにおける世界観という言葉は本来の哲学的な意味とは異なり、**その作品の舞台や背景の設定**を表す言葉として用いられます。その物語における登場人物や暮らしている場所、その文化や歴史まで含めて表現する言葉、それがモバイルゲームにおける世界観です。世界観による肉付けが全くないゲームもコンピューターゲーム黎明期には存在しましたが、現在はほぼ全てのゲームに何かしらの世界観が設計されています。

■ 黎明期のコンピューターゲームには明確な世界観がない

コンピューターの表現能力も低く、シンプルなゲーム性しか持たせることができなかった

対戦型ピンポンゲーム

ただし対戦ゲームの場合はコミュニケーションツールの役割も持っていたため、
世界観はプレイヤー同士が補完していたとも考えられる

○ 世界観を考えるとっかかり

　モバイルゲームにおける世界観の検討方法は、大きく分けて2種類になります。

・**物語や登場人物ありきで、世界観にゲームシステムを肉付けする方法**
・**ゲームシステムに似合う世界観を当てはめる方法**

　世界観とゲームシステムのどちらから考え始めるか、もう片方の要素は大きく影響を受けることになります。手法に善し悪しはありませんが、世界観からゲームを考えると比較的ナラティブな、体験と物語が混ざり合ったゲームを作りやすいのではないでしょうか。

◉ キャラクターの掘り下げ

　おおよその世界観が固まったら、物語の中心となるキャラクターと、それを取り巻く事件を考えてみます。キャラクターが存在するだけでは物語は始まりませんし進みません。そのキャラクターが、その世界の中でどのように考え、事件に対してどのように行動するのかを掘り下げ明確にすることで物語が動き出し、説得力が生まれます。それがないとそのモバイルゲームの世界への没入感が薄まり、長く遊んでもらうことは難しくなるでしょう。

■ 構造がシンプルなゲームでもキャラクターの魅力で世界観を語る

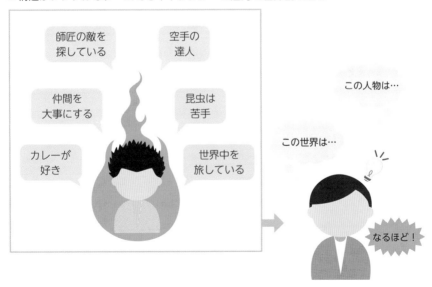

師匠の敵を探している
空手の達人
仲間を大事にする
昆虫は苦手
カレーが好き
世界中を旅している

この人物は…

この世界は…

なるほど！

例えば格闘ゲームのように比較的シンプルな構造のゲームでも、キャラクターとエピソードが存在することでそのゲームシステムをより魅力的に演出することが可能です。オリジナルのゲームを作る場合、ゲームシステムだけではなく説得力のあるキャラクターの検討も非常に重要な要素になります。

● 世界の掘り下げ

　最初におおまかに決めていた世界観に沿って、キャラクターたちが生活する世界や国々を決めていきます。世界情勢や時代、文化レベルなど大きな視点から、住人たちの日常生活や小道具など小さな視点まで幅広く定めていきます。
　ここで決めることはゲーム内で直接語ることは少ないのですが、キャラクターのセリフやアイテムなど様々な場面で間接的に表現されることになります。この背景が曖昧だったりちぐはぐな状態のまま開発を進めると、やはり物語の説得力が弱くなり深みに欠ける印象が強くなります。

● プレイヤーの立ち位置

　世界観の方向性、またキャラクターや世界の掘り下げを行うことで物語の骨格が見えてきました。そこで次に考えるのは、モバイルゲームが小説やドラマと決定的に違う点、物語にインタラクティブに関わるプレイヤーの立ち位置についてです。
　プレイヤーがどのような立ち位置でその世界に関わるのかを決めるということは、ある意味遊んでくれる人に対して役目を押しつけることになります。人間はわりと単純なところがあり、役目を与えられることでそのように振る舞うようになります。役目が比較的想像しやすく非日常感があるものであれば、役を演じやすくなり、なおかつ刺激を自ら感じるようになってくれるかもしれません。プレイヤーが物語の中の登場人物になるのか、それとも神の視点で関わるのかによってもゲーム性に変化が出ます。プレイヤーの立ち位置は比較的軽視されがちですが、物語にもゲーム性にも影響を与える重要な要素です。

■ プレイヤーの立ち位置

登場人物のひとりとして体験する場合

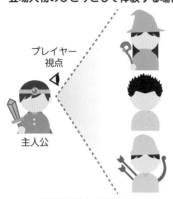

プレイヤー視点

主人公

登場人物たちと同じ視点で
感情を体験する

神の視点から体験する場合

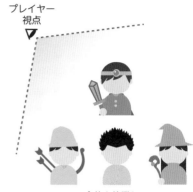

プレイヤー視点

全体を俯瞰して
登場人物たちの物語を体験する

● 世界観の重要性

　これまで説明したとおり、世界観の作り込みはゲーム性にも影響を与え、その物語や体験の説得力に大きな効果があります。また、**モバイルゲームの強みであるインタラクティブに物語を体験できる点を強化**する上でも大切な役割を果たします。

　近年では世界観まで含めて作品を楽しむユーザーも増えているため、インゲーム以外での体験を高めるという意味でも重要であり、コストをしっかり割いて作り上げるべき要素と言えます。

まとめ

- ▶ **世界観とはその作品の舞台や背景の設定**
- ▶ **キャラクターと背景の作り込みが説得力を生む**
- ▶ **プレイヤーの立ち位置を定めることでゲーム性も変化する**

29 アセットの量産

ベータ版の開発になると、アルファ版で決めたフォーマットに従って、アセットを量産していきます。ここでは数をこなすために多くの人を投入して作成していきます。社内で人員が足りない場合は外部の会社を使うこともあります。

● 仕様作成とデータの量産開始

　ゲームではステージがあったりイベントがあったりします。そこで必要となる仕様を決め**仕様書を作成**していきます。仕様が決まると、**画面遷移図を作成**し、必要なグラフィックスデータやサウンド、プログラム、文字列等の**アセットを列挙**していきます。これにより作成するアセットが決まってくるという、とても重要な作業になります。

　アセットの作成が始まり、必要なデータがそろい始めたら、それらをマスターデータに定義していったり、カットシーンやシナリオを進行させるような専用のスクリプトを作成していく場合もあります。マスターデータはスプレッドシートで作成しますが、こういったデータの入力もプランナーが行います。キャラクターに能力値がある場合はキャラクターひとつひとつ、すべて入力していきます。

　オンラインで使えるスプレッドシートであれば同期ができるので、複数のプランナーで同時に作成していくこともできます。入力したデータはすぐにゲームを実行して確認できるような開発環境をエンジニアと協力して作っておくことで、イテレーションを速く回すことができ、試行錯誤をしやすくしておくことができます。データの更新方法はGitのようなソースコード管理システムを使います。ソースコード管理システムはエンジニアだけでなく、プランナーやデザイナーもデータ更新のために使います。

■ 仕様書を作成してアセットを量産

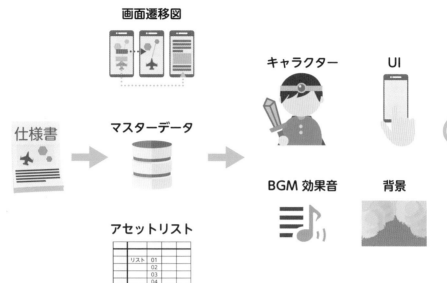

● グラフィックスの量産

　作成するものの量が最も多いのがグラフィックス関連でしょう。3Dキャラクターであれば、3Dモデル、スケルトン、モーション、テクスチャ、マテリアル、物理挙動を行うのであれば物理アセットと多くのデータで構成されています。

　3D背景であれば、地面から建物等の建造物、空や草木や石に至るまで数多くのアセットを作成することになるでしょう。

　他にもUI関連も必要で、ウィンドウやボタンなどのGUIパーツも必要になってきます。パーツができればウィンドウの作成もできます。UI周りは、見た目と挙動を分離してプログラマーと作業分担できるように考えておく必要があります。

　作成したグラフィックスデータは開発中のゲームで決められたフォーマットにするために、データを作成するツールにプラグインというそのゲーム独自の

拡張機能を開発して追加することもよくあります。ボタンひとつで決まったフォーマットのデータを出力したり、開発中のゲームで非対応の機能が使われていないか等をチェックツールなども使います。

　グラフィックスのデータは容量が大きくなりがちなので、如何に小さい容量で美しいデータを作成するかがグラフィックスデザイナーに求められます。最近ではAIを用いてテクスチャを生成や整形するようなことも行われはじめているようです。これにより時間のかかるテクスチャ作成や調整が大幅に高速化できるようになるかもしれません。

■ ひとつのキャラクターでも多くのデータから構成される

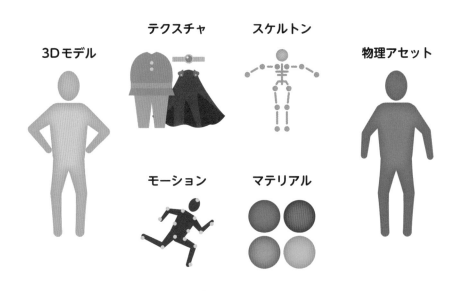

テクスチャ　　スケルトン

3Dモデル　　　　　　　　　　　　　　　物理アセット

モーション　　マテリアル

● サウンドの量産

　ゲームに欠かせないのがサウンドです。ベータ版の開発に入るとBGMやSEを大量に作成します。どういうサウンドが必要かイメージを聞いて曲や効果音を作成していきますが、作成した音は必ずゲーム中で鳴っているところを確認して合わせていきます。またゲームのBGMやSEの制作の特徴としては、曲が

ループしたり、戦闘画面に入ると途中で曲が変わる場合にどう切り替えるか、トンネルに入った場合などの反響音をどうするか、効果音を鳴らす優先順位はどうするか、などゲーム独自に考えなければならないことが多くあります。

　BGMやSEは外部の会社に依頼することが多いです。

■ いろいろな種類のBGMや効果音を量産

BGM		効果音

草原の曲

戦闘の曲

街の曲

ボイス

攻撃音

やられ音

ジャンプ音

足音

まとめ

▶ ベータ版開発に入るとデータの量産が始まる

▶ 仕様書を作成することで、必要なデータが決まってくる

▶ ゲーム独自のデータ作成手法がある

30 プレイサイクルの見直しと 全体のレベルデザイン

アルファ版で基本的なサイクルを含めた開発を終えたタイミングで、全体のプレイサイクルを見直します。またプレイサイクルの詰めに伴ってレベルデザインに関するルールやポリシーを定めます。

● プレイサイクルの見直し

アルファ版において基本的なプレイサイクルは検討していますが、実際にできあがった段階で通しの確認を行います。基本的には見落としや、破綻している箇所やルートがないかの確認になりますが、開発中の時流の変化などによって一部変更を行う場合があります。

モバイルゲームの業界は数年に一度、新しい概念が発生しています。数年前は主流だったものが現在でもそのまま通用することはあまりありません。そのためアルファ版の開発で時間がかかった場合など、状況によっては最新の環境に合わせて対応することも検討します。

■ モバイルゲームでは数年に一度新しい概念が発生

2000年代前半		フィーチャーフォンアプリの登場
2000年代中盤		ブラウザゲームの流行
2000年代後半		スマートフォンの登場と普及 PCブラウザゲームの流行
2010年代前半		スマートフォンアプリの流行
2010年代中盤		GPSゲームアプリのヒット
2010年代後半		プラットフォームをまたいだゲームのヒット

● プレイサイクルの変更は慎重に

　見直しや再検討を行った結果、プレイサイクルの変更や機能を追加することになった場合は慎重な判断が必要です。それらの変更や追加は開発費用と期間の増大に直結するからです。また、ひとつの機能変更が思わぬ箇所に大きな影響を与えることもあります。様々なメリットとデメリットをひとつひとつ地道に確認して変更や追加する機能を選定します。

● 配信時にどこまで入れ込むかを再設定する

　プレイサイクルの変更や機能の追加を決定した場合、その内容を配信時に入れ込むかどうかもまた再検討します。追加した要素が基本的なプレイサイクル内に関わる内容であれば必須ですが、そうでない場合には必ずしも配信時に必要とは限りません。運用計画に落とし込み、一部を切り分けて配信することも視野に入れるべきでしょう。

　モバイルゲームにとって、そのゲーム内容はもちろん重要ですが、それと同等に重要なのが**配信タイミング**です。冒頭でも記したとおり、時期がずれると時流が変わることもあるのです。たった数ヶ月でも、そのモバイルゲームが本来持っていた新鮮さが失われてしまうことがあるため、**内容の充実と配信タイミングのバランスは非常に重要**です。

● レベルデザインとは

　本来、ゲーム開発においてレベルデザインとはステージやマップのオブジェクトや敵の配置を考え、エディタで実装する作業を指します。

　コンシューマーゲームを制作しているデベロッパーや、海外のゲーム開発現場でレベルデザイナーといえば上記の内容を担当するメンバーを指すことがほとんどです。しかし、モバイルゲーム業界では、**ステージだけではなく難易度や成長まで含めた数値の設計**を指すことが多く、時折この言葉の違いから会話が噛み合わなくなることがあります。ここでは後者の数値デザインも含めたものを指します。

● ハードルをどのように設定するか

　おおよそゲームと呼ばれるものには、何かしらのハードルが設定されていて、それをクリアした時に得られる達成感を楽しむように作られています。モバイルゲームでもそれは例外ではありません。ハードルが簡単すぎても手応えがありませんし、難しすぎると心が折れてしまいます。また難易度の上昇曲線が単調でも刺激が徐々に感じられなくなってしまいます。そのため、**プレイヤーの成長曲線に対して適度に歯ごたえのある難易度を設計する**必要があります。下の図では概念を表すためそれぞれ1本のグラフで表現していますが、実際には複数のコンテンツが絡み合って全体の難易度が決まります。簡単にクリアできるコンテンツとなかなかクリアできないコンテンツを混在させてメリハリを作るのです。

　モバイルゲームのレベルデザインは、そのゲームをプレイする人にとって最適なハードルを設計することだと言えます。

■ 遊ぶ人にとって最適なハードルを設定する

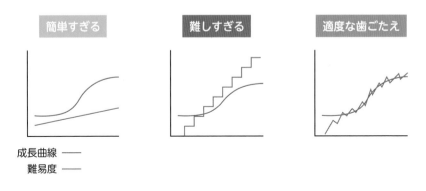

● ハードルのイメージを数値化する

　ハードルのイメージを固めたら、次はそれらを数値化していきます。すべてのプレイヤーが同じ動きをしてくれれば設計側は楽なのですが実際にはそうはなりません。そのためターゲットとするペルソナを何種類か用意し、それらがどのようにプレイするとどのような結果と体験を得ることができるかをひとつ

ひとつ設計していきます。

　1日に10分しか遊ばない人、何時間も遊ぶ人、それぞれが楽しめるポイント
を設定し、なおかつ長期間遊んでもらえるように数値設計のルールやポリシー
を決めます。ここで決めた内容はそのゲームのレベルデザインにおける根幹に
なるため、運用開始後も基本的には変更しません。

● すべてはお金に換算して考えることができる

　モバイルゲームにおいて、課金アイテムを取り扱っている場合は全てをお金
に換算することが可能です。一般的に『石』と称されるゲーム内通貨を現実の
お金に換算して、いくらに設定するかによって直接的、間接的に得られるもの
の価値は全て決めることができます。

　例えば、『スタミナ』と称される、ゲーム内で行動する際に消費するポイント
を100点回復するために10石必要だとします。石ひとつにつき10円だとすれば、
スタミナ100点は100円になります。クエストを行動する際に消費するスタミ
ナが20点、ドロップするアイテムが平均4個だとしたら、1つのアイテムの価
値はおよそ5円…と、このように変換が可能です。これによって、1回のイベ
ントでどのくらいのゲーム内報酬を提供できるか、全体のバランスが崩れてい
ないかを設計できるのです。いつも遊んでいるモバイルゲームで課金アイテム
を扱っていたら、このように価値換算してみると意外な発見があるかもしれま
せん。

まとめ

- ▷ ベータ開発に進むタイミングでプレイサイクルを慎重に再検討
  する
- ▷ レベルデザインという言葉は人によってとらえ方が違う
- ▷ レベルデザインはプレイヤーにとって最適なハードルの設計

31 追加機能の開発

ベータ版の開発を進めつつ、運用後に配信する追加機能の開発も並行して進めます。基本的な流れはこれまでと大きな変化はありませんが、運用計画と合わせて検討を進めます。

● 追加機能はいつから開発するのか

　モバイルゲームでは配信後も様々な機能を開発して追加していきます。追加する内容によっては開発期間が長くかかるため、のんびりと開発着手していてはユーザーの期待に応えられなくなってしまうこともあります。

　そのため配信後の運用計画を事前に検討し、**どのタイミングで配信するのかを決めてから開発工数を逆算**して着手時期を決めます。ただし運用時には様々な差し込み案件が発生することもあり、その場合には**配信時期ありきで内容とボリュームを決めて**着手します。

■ 開発工数を逆算して開始するか配信日ありきで開発するか

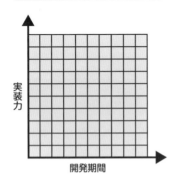

開発工数から逆算する場合

内容もボリュームも最適な
状態でリリース

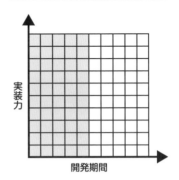

配信日ありきで開発する場合

詰め込めるボリュームは限られるため、
重要な要素を研ぎ澄まして開発する

● 追加機能でも開発の基本的な流れは同じ

　追加機能の場合は大元となるモバイルゲーム自体の完成形が見えているため、その仕組みに則って開発を進めることになります。そのためゼロベースでの開発よりは低いコストでできるのですが、開発自体の基本的な流れは同じになります。

　大抵の場合はまずその機能の企画を立て、どのような効果があるかをプロデューサーやディレクターなどに論理的にプレゼンするところから始まります。そこで承認を得たら開発着手、スケジュールを設定して、内容によっては何段階かのチェックを行います。クオリティーはもちろん、その機能がユーザーにどのような体験をもたらすのか、またそれによってゲーム全体の価値を上げることができるのかなど様々な観点から意見を出しあい、ブラッシュアップして完成まで進めます。

● 追加機能を配信するタイミング

　追加機能は配信するタイミングも重要になります。運用型のモバイルゲームではプレイヤーが遊んだ結果を様々な数値で計測しています。

　追加機能やコンテンツはプレイヤーに対して新たな刺激を与える効果も持っているため、それらの数値の悪化が予想されるタイミングに投下することで効果を最大化できます。データを有効に活用できるチームであれば、数値から得られる予測も組みこんで運用計画を立てています。もちろん作るのも人間、遊ぶのも人間なので全て予測どおりに進むわけではありませんが、ある程度の経験則や勘も含めて配信タイミングの最終決定を行います。

まとめ

▷ 追加機能の開発は配信前から並行して行う

▷ 追加機能の開発も企画立案からスタートする

▷ 配信するタイミングを狙うことで効果を最大化する

32 サーバー環境の構築

近年のモバイルゲームの多くはネットワークに繋がり、サーバーと通信するものが
ほとんどです。では、どんな時にサーバーが必要になるのでしょうか。ここでは
サーバーの役割について説明します。

● なぜサーバーが必要なのか

　モバイルゲームの動作にサーバーが必要かというと、必ずしもそうではあり
ません。一人プレイのカジュアルゲームや有料アプリなど、購入後のアップデー
トなどもなく、ネットワークなどなくても遊び続けられるアプリではサーバー
を必要としないものもあります。

　しかし、実際多くの運用型モバイルゲームではゲームサーバーがあり、クラ
イアント（アプリ）とサーバーが頻繁に通信しゲームが進行していきます。そ
のサーバーの代表的な役割には以下のようなものがあります。

・バージョン管理

　リリース後も運用を続けていくモバイルゲームでは、頻繁にアプリケーショ
ンのアップデートや、追加データを配信していきます。新しいバージョンのア
プリやデータには、新しく追加された機能やイベント（施策）を遊ぶのに必要
なものが追加されています。そのため、古いバージョンのアプリを使い続けて
いる場合は、アプリが更新されていることを伝えてあげる必要があります。

　例えば、古いバージョンのアプリからサーバーアクセスがあった場合、サー
バー側で最新バージョンかチェックをし、必要あればアップデートを案内する
レスポンスを返すなどの役割があります。

■ アプリやアセットのバージョンが古い場合通知する

バージョン管理

1.アプリ起動時などに接続

「私のアプリはv1.0バージョンです！」

2.バージョンアップするよう通知

ストアに新しいアプリ
バージョンがあります

OK

アプリバージョン
v1.0

最新バージョン
アプリ：v2.0
アセット：v3.0

「私のアセットはv2.0まであります！」

更新データがあります！

更新データを
ダウンロードします

OK

アセットバージョン
v2.0

最新バージョン
アプリ：v2.0
アセット：v3.0

・データ保護

　ゲームの進行状況や、ユーザーデータなど、ゲームをプレイする上でのデータはとても大切です。ゲーム中ではセーブデータやプレイデータなどとも呼ばれたりもします。

　それら大切なデータを端末のアプリケーション内で保管してしまうと、例えばうっかりアプリケーションを削除してしまったり、機種変更などで端末が変わってしまうと、全て失われてしまいます。そのためゲーム中のプレイデータはサーバー、データベース側で保持し、ユーザーIDと紐付けし管理します。アプリ側からは都度通信をしてプレイデータを送受信することにより、最新のプレイデータを常に更新します。

■ 大切なプレイデータはサーバー側で保持

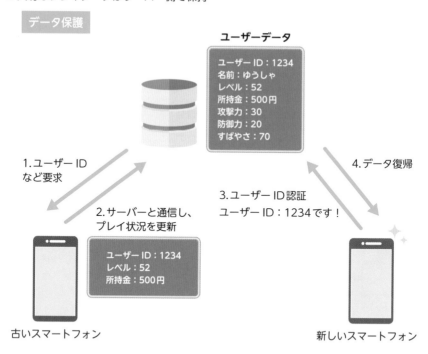

データ保護

ユーザーデータ

ユーザーID：1234
名前：ゆうしゃ
レベル：52
所持金：500円
攻撃力：30
防御力：20
すばやさ：70

1.ユーザーID
など要求

4.データ復帰

2.サーバーと通信し、
プレイ状況を更新

3.ユーザーID認証
ユーザーID：1234です！

ユーザーID：1234
レベル：52
所持金：500円

古いスマートフォン

新しいスマートフォン

・不正対策（結果をサーバー側で計算し返す）

　ゲームの中にはバトルのロジックをアプリ側ではなく、サーバー側で計算し、その結果を受け取ってバトルを進めるものもあります。

　例えばターン制のRPGなどは、現在のパーティー状態と、選んだコマンド（たたかう、魔法を使うなど）の情報と、敵の情報をサーバーに送り、サーバー側でその状態で戦った場合の結果をクライアントに返します。受け取ったクライアント側では、そのバトル結果になるようにキャラクターを動かしたりします。アプリ側にバトルの計算方法など全て入れてしまうと、中身を解析され値を変更されてしまうチート（不正改ざん）が可能になります。そのため、処理や中身の計算はサーバー側で計算し、結果を返すことにより不正がしづらくなります。

■ サーバー側でロジックを計算し結果を返す

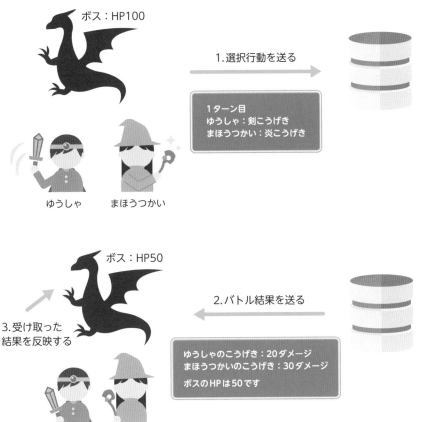

ボス：HP100

1.選択行動を送る

1ターン目
ゆうしゃ：剣こうげき
まほうつかい：炎こうげき

ゆうしゃ　　まほうつかい

ボス：HP50

2.バトル結果を送る

3.受け取った
結果を反映する

ゆうしゃのこうげき：20ダメージ
まほうつかいのこうげき：30ダメージ
ボスのHPは50です

　また近年では多人数でのリアルタイム対戦型のゲームも多く、そのようなプレイヤー同士のデータをやりとりするリアルタイムサーバーの役割もあります。

◎ サーバーの準備

　ゲームサーバーの必要性がわかり、実際にサーバーを準備する場合、そもそもどうやって準備すれば良いのか。従来から、近年のモバイルゲームを支えるクラウド（=IaaS）について説明します。

・オンプレミス

　サーバーやソフトウェアなどを、自社で管理する設備内に設置して運用する方法です。自社内でサーバーを構築・運用するため、まずサーバー用のパソコンの設置が必要です。物理的に置くスペースの確保や、いざサーバー台数を増やそうと思った時のコストや準備、また維持コストもかかります。

・クラウド（=IaaS）

　近年、ゲーム業界に関わらず、多くの企業やサービスでは、Amazon が提供する AWS（アマゾンウェブサービス）や、Google の Google Cloud などのクラウドサービスが利用されています。クラウドサービスの中にも、仮想サーバーを提供するものや、ストレージ（ファイルサーバー）、データベースなど様々なサービスがあります。クラウドと一言でいっても、提供するサービスの構成要素によって大きく3つに分類されます。

■ クラウドサービスの構成要素

名称	説明
IaaS	Infrastructure as a Service の略。サーバーやストレージ、ネットワークなどのハードやインフラまでを提供するサービス。代表例に、Amazon の「Amazon Elastic Compute Cloud（Amazon EC2）」Google「Google Compute Engine（GCP）」などがあります
PaaS	Platform as a Service の略。アプリケーションが稼動するためのハードウェアや OS など、プラットフォームをインターネット上のサービスとして提供するサービス。Microsoft Azure など
SaaS	Software as a Service の略。従来パッケージとして提供されていたアプリケーションを、インターネット上で利用できるサービス。Microsoft Office 365 など

　モバイルゲームでは「IaaS」のサービスがよく利用されます。IaaSではCPUやメモリ、ストレージなど使用するサーバー環境を自由に選択でき、急な負荷時にもスケールアップにも柔軟に対応できたりもします。

　セキュリティの観点で、外からの影響を受けにくいオンプレミの環境が求められる場合もありますが、近年ではセキュリティ技術やクラウドサービスの多様化により、クラウド環境におけるセキュリティも強固なものになり、現在のモバイルゲームサーバーの多くはクラウド利用のものがほとんどです。

● なぜクラウドが多いのか

　運用型のモバイルゲームでは、トラフィック量の予測がしづらい面があります。1日のうちでも時間帯によってピーク変動がありますし、イベントなどの施策時などでは急激にアクセス数が増え負荷が高まることもあります。また、中には利益が見込めず途中でサービスを終了してしまう場合もあります。そのような急な対応が多い状況で、都度自前でサーバーを増減させたりするのは準備や管理コスト面でとても大変です。

　そのため、場所を必要とせず、必要な時に必要量だけすぐ使えるクラウドサーバーが多く利用されます。

● 遅延・負荷

　大ヒットのモバイルゲームタイトルになると、1日のうち遊ぶユーザー数も膨大になります。

　モバイルゲーム運用で大切なのは、ユーザーが遊ぶ時間は均一ではないということです。1日の時間帯でも朝の移動時間帯や、昼の休憩、夜の就寝前など、比較的多くの人がスマートフォン取り出しゲームを遊ぶ時間というのもがあります。またゲーム内のイベント、施策時や、メンテナンスが終わった後など、特定のタイミングで急激にユーザーアクセスが増えることもあります。また、サーバーの負荷が上がる原因にもいくつかあり、サーバーマシンのCPU負荷や、データベースへのアクセス頻度、アセットのダウンロード量など様々です。

　このように運用型モバイルゲームではピーク時や負荷の原因を予測することが難しい面があり、それをできるだけ事前に防ぐため、最大時のピーク予測を立てたり、場合によっては一般ユーザーに事前にプレイして負荷を測定するテストなどを行うこともあります。

　また、遅延の原因は上記のような負荷の他にも、そもそもの物理的な距離の問題もあります。クラウドといっても、裏には必ずサーバーコンピューターがあり、地球上のどこかには存在し、主にサービス提供業者のデータセンター内などに設置されています。その設置場所（リージョン）と、プレイ場所が遠ければ遠いほど、データを送ってから届き返ってくるまでの距離が長く、それだ

けデータ転送時間がかかることになります。転送速度は高速で、同じ国内であれば数十ミリ秒くらいの遅延かもしれませんが、それでも遅れるということは覚えておきましょう。

■ 遅延例

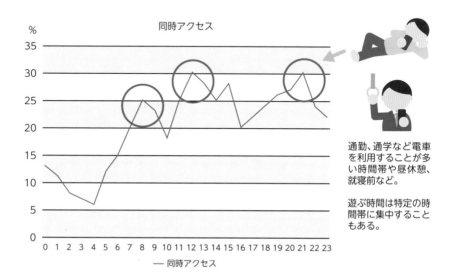

通勤、通学など電車を利用することが多い時間帯や昼休憩、就寝前など。

遊ぶ時間は特定の時間帯に集中することもある。

 まとめ

- ▶ 近年のモバイルゲームではサーバーネットワークと接続するものが多い
- ▶ バージョン管理、データ保護、不正対策とサーバーの役割は多い
- ▶ 近年ではクラウドサーバーを利用したものが多い
- ▶ 負荷や遅延など、モバイルゲームではピーク時のトラフィック量予測が難しい面がある

33　運用に向けた設計と準備

いよいよ運用に向けた準備も始めていきます。モバイルゲームはリリース後も細かな改善や機能追加を繰り返して、ゲームをアップデートしていきます。そのため運用時の作業をどれだけ効率化できるかという点もとても大事です。

◉ 開発終盤・運用時にはデータの追加更新が多く発生する

　いよいよリリースに向けてアセットの量産なども始まると、多くのゲームアセットやマスターデータ（キャラクター情報などのゲーム内のデータ）が追加更新されていきます。また、リリース後から始まる運用時も日々更新や機能拡張が行われるため、データ更新は継続して発生していきます。頻繁に発生するデータの入れ替え作業をいかに効率よく、安全に行うかもゲームの運用をしていく上でとても大切です。

　そのような効率性・安全性をサポートするものとして、様々な運用ツールがあり、内部で開発するものもあれば、外部のサービスを利用する場合もあります。

■ 運用時に発生するデータ追加更新や作業の例

名称	説明
データの更新・追加	キャラクターのパラメーターを調整したり、3Dモデルや画像データなどの追加更新など。バランス調整や新しいキャラクター、ストーリー追加時などリリース後も多く発生する作業
データの検索	データベースからある条件のユーザーを検索し一覧表示したり、データをグラフや表で表示して見やすくしたりする
アプリビルド	実機での動作確認や、アプリを申請する際のビルド作業。デバッグ期間になると毎日新しいビルドを作ることもある
本番環境の更新	実際にユーザーがプレイする本番環境へアセットやサーバーコードを更新する作業。ヒューマンエラーなどが無いように反映は自動化することが多い
売上データなど管理	売上やその日のプレイ人数などを集計し、グラフなどで表示、管理するツール

● データの更新・追加をサポートするツール

　データには、キャラクターのパラメーターなどのマスターデータや、3Dモデルデータ、アニメーション、テクスチャ、サウンド、UI画像など、ゲームに必要なデータは多くあります。

　例えば、パラメーターの入力管理にはExcelやスプレッドシートなどの入力ツールが使われることが多いです。けれども、入力されたデータをそのままゲームで使うことはできません。より扱いやすいフォーマットに変換したり、ゲーム内に取り込む作業なども発生します。データを作成するのはプランナーやデザイナーの方が中心ですが、その作成されたデータをゲーム内に追加するには、エンジニアの方におねがいしなければならないこともあります。しかし、更新のたびに作業依頼が発生してしまうととても非効率です。

　そこで、作成したデータを、ゲーム内で扱いやすいフォーマットや設定を自動で行えるツールを用意し、作成者自身が更新できるようしてあげることで効率化ができます。

■ データの更新を作成者自身ができるようになると、確認含めて効率化につながる

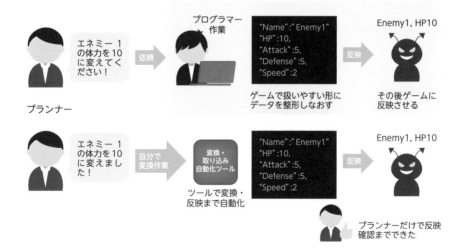

◎ データの検索・視認性を上げるツール

　データベースから特定条件にあてはまるユーザーを検索したり、一覧で表示したりするには、クエリ（データベースに対する検索条件文）を実行すれば取得することはできます。しかし、取得したデータは視認性という点では落ちてしまいます。

■ クエリで取得したデータは、そのままでは視認性が落ちてしまうことも

```
>SELECT*FROM users;
```

id	name	level	exp
1	Nobunaga	5	2000
2	Hideyoshi	10	6000
3	Ieyasu	8	4300

> データベースなどからデータを検索すると一覧で表示されるが、件数が多いと見切れてしまったり、比較しづらかったりと視認性がおちてしまうこともある

　そこで、取得したデータをより見やすく、表やグラフなどにして表示する管理ツールなどがあると、プランナーの方などが検索しやすくなり、結果ミスなども抑えることができ、データの扱いが楽になります。

■ データの視認性を上げることもミスが減り効率化になる

> 結果をグラフや表で見やすく整形したり、ソートや絞込み機能などでより検索しやすくする。
>
> ブラウザ上からアクセスして扱うツールも多い

● アプリのビルドを自動化するツール

　開発中、主に検証・デバッグや、アプリ申請時など、作成したゲームをスマートフォン実機で動作確認できるようにビルドすることが頻繁にあります。個人開発であれば、その都度手元の環境でビルドすることもありますが、チーム開発時など各自各々の作業環境でビルドすると、予期せぬ不具合が発生したり、含まれてはいけない作業中のデータが入ってしまったりと問題が起きることがあります。また、ビルドするにもアプリ名やアイコン、バージョン番号など、設定項目もたくさんあり、毎回手動で設定すると時間がかかってしまいます。

　そのような**ビルド時のミスや、時間短縮のため、アプリビルドを自動化**し、ボタン1つで誰でも簡単にビルドデータを作成できるようにします。アプリの自動ビルドにはJenkinsやCircleCIなどが良く用いられます。

■ Jenkinsなどを用いて、gitなどのバージョン管理から、ビルド、アップロードまで自動化する例

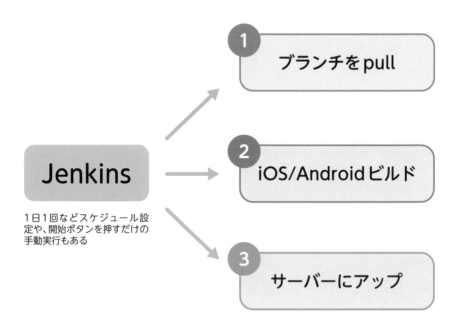

● 本番環境への更新を安全に行うツール

　開発時に用意したデータは、検証・デバッグを終えると、実際にリリースされている本番環境へデータ反映をします。更新するデータは追加のアセットデータやサーバーコードなどですが、この本番反映でミスが出てしまうと、結果本番環境で不具合を起こすことになるので、とても慎重にやらなければなりません。データ差分を見ながら、漏れや、不要なデータは混ざっていないか確認する必要がありますが、これらすべてを手動、目視で確認だけではミスを完全に防ぐことは難しくなってしまいます。

　データの整合性チェックや、アップロード、履歴の保持など、できるだけ手作業を減らし自動化することで、安全に本番反映できるようにします。

● 売上やユーザー数などのKPIを管理するツール

　リリース後のアプリの売上や、遊んでくれているユーザー数、プレイ状況などは、運用を続けていくうえで大事なデータです。このデータをもとに、より遊びやすくするための更新を行っていきます。そのため、データの集計から集計したデータをグラフなどで日々の移り変わりが見えるようにし、チームでの情報共有や、課題の共有などに役立てます。

まとめ

- ▣ 運用ではいかに効率で安全に作業を行うかが大事
- ▣ 各作業をサポートするツール開発や自動化をする
- ▣ 内部で開発する場合もあれば、外部の管理サービスや集計ツールを利用する場合もある

34 分析情報の設計

モバイルゲームではリリース後のユーザー動向を把握するために、色々なデータを解析して売上が最大になるように分析と改善を繰り返します。ここでは取得するデータにどのようなものがあるか、代表的なものを紹介していきます。

● 取得するデータ

　モバイルゲームでは、アプリから色々な情報を取得してサーバーに送って溜め込みます。そのデータを解析して、ユーザーの動向を把握し、長期に渡って遊んでもらい売上が最大になるようにゲームの改善を続けていきます。そのために新たなイベントを作成するときの参考にしたり、ユーザーが望んでいるものを提供し、新たな機能を追加していきます。モバイルゲームはリリース後からの運営がとても大事になります。

　モバイルゲームでは、どのようなデータを取得しているのでしょう？下記に代表的なものを列挙してみました。

■ 代表的なデータ取得例

取得するデータ	内容
インストール数	インストールされた回数です。各種プロモーション活動が効果的であったかなどを確認できます
アンインストール数	アンインストールされた回数です
初めてプレイした人数	インストールしてアプリを起動した人数です
チュートリアルの進捗度	チュートリアルでユーザーが離脱する箇所がないかを確認します
ゲームの進捗度	イベントなどでユーザーがどこまで進んだかを確認します。難易度が適切かなどを確認します
DAU/MAU	1日/月間に遊んだ人数です。ユーザーの定着率を確認します
ARPPU	購入情報を記録しておいて、課金ユーザー一人あたりの平均課金額を求めます

取得するデータ	内容
LTV	ユーザーがゲームをプレイしていた期間にどれだけ課金をしたかを計る指標です
国	ユーザーの国です。国民性による違いなどを確認できます
プラットフォーム	iOSかAndroidか、スマートフォンかタブレットかなど、どの端末で良く遊ばれているかを確認できます。各OSのバージョンも取得します
プレイ時間	1日にどのぐらい遊ばれているかを確認します

これらはほんの一部で、すぐに使うことはなくても必要となりそうなデータは取得しておき、将来のユーザー動向の分析に備えておくと良いでしょう。

■ 将来のユーザー動向の分析に備える

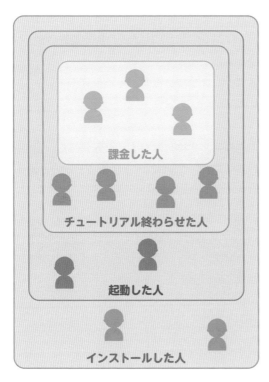

分析ツール
管理画面のグラフ等で確認

● 分析ツール

　代表的な分析ツールは下記のようなものがあります。解析できる内容やプランによって価格が違うので最適なサービスを選択しましょう。

・Unity Analytics

　Unityで開発していてPlusやPro版を購入している場合は、Unity Analyticsを使うことができます。アナリティクスを使用可能にするにはUnityエディタで設定します。設定を終えてアプリをデバイスで実行すれば、基本的な情報は既に取得できるようになっています。Unityのダッシュボードから確認でき、新規ユーザー、DAU/MAU、1日のプレイ時間、Unityの課金プラグインを使用している場合課金情報も取得できるようになっています。

・Firebase Analytics

　FirebaseはGoogleのモバイルゲーム向けプラットフォームで複数の製品で構成されています。その中のFirebase Analyticsを使うことでモバイルゲームの各種情報を取得して分析ができるようになっています。

・AppsFlyer

　イスラエルの会社が開発した広告効果測定ツールです。世界で広く普及しています。どの広告媒体からインストールされたのかを測定することができます。任意のイベントと値を送信して必要な情報を集めて分析できます。

・Repro

　日本の会社が開発している、マーケティングプラットフォームです。Reproも色々な情報を分析できますし、数々の標準イベントとカスタムイベントも送信できるようになっています。

・Adjust

　ドイツに本社のあるモバイルアナリティクスプラットフォームです。どの広告媒体からインストールしたユーザーがどれぐらいの価値を生み出した等の効

果測定などができるプラットフォームです。アプリ内イベントを送信して分析に活かすことができます。

■ さまざまな分析ツール

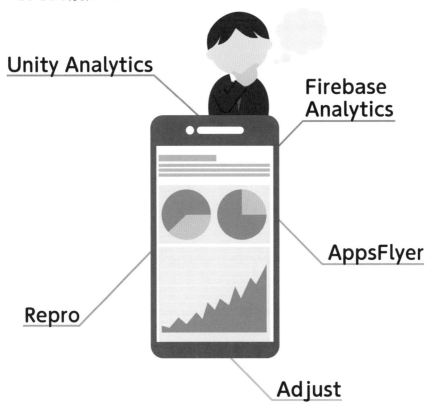

- ▶ モバイルゲームにとって分析情報は重要
- ▶ 分析したデータを運営に活用する
- ▶ 分析ツールは色々あるので最適なものを選択する

35 | QA の実施

ここでは、QA（Quality Assurance＝品質管理）でどのようなチェックを行うか例を
上げていきます。モバイルゲームのQAでは、テスト計画を立て、不具合（バグ）を
発見することはもちろん、ユーザーの立場となって改善案の提案を行ったりします。

● チェック項目の列挙

　QAの形態は、社内の部署で行う場合、社外のQA専門会社を使う場合、そ
れらを併用する場合などがあります。いずれの場合も、**開発しているゲーム**を
リリースできる品質にするためのテスト計画を立てます。

　不具合はすべて見つけ出して潰すために、すべてのチェック項目を列挙しま
す。まずチェック項目は、普通に操作したときの期待する正常な動作を書き出
します。次にその箇所で考えられるすべての操作ももれなく考えて列挙してい
きます。OSの種類や複数のバージョンのデバイスが存在するモバイルゲーム
は対応端末で動作することを確認しないといけないためテスト項目はかなりの
数に上ります。

　サーバーを使うモバイルゲームであれば、サーバーのテスト項目も列挙しま
す。例えばサービス開始時に大勢のユーザーが押し寄せたときのことを考えて、
サーバーに負荷をかけるテスト項目を作成します。マルチプレイのゲームであ
れば複数の端末を一人で操作、または複数人で同時にチェックしないといけな
い等、チェック方法が複雑になります。

　列挙されたテスト項目はテスターに割り当てていきます。テスト項目の数と
期間から、すべてのテスト項目を消化するのに必要なテスターの人数を割り出
します。このときアルバイトでテスターを用意することもあるため、テスト項
目は誰がやっても同じ手順となるようにしっかり内容が伝わるように記載して
おく必要があります。

■ QAであらゆる不具合を見つけだす

● チェック項目の例

　チェック項目の一例をあげてみます。ユーザー名とパスワードでログインする画面で考えてみましょう。

　ログイン画面で期待される正常な動作は、「ユーザー名とパスワードを入力してログインを完了する」です。ここで考えられるチェック項目を考えてみます。

・存在しないユーザー名を入力する

　この場合は、エラーダイアログが表示されるのが正しい挙動となります。

・間違ったパスワードを入力する

　この場合はもエラーダイアログが表示されるのが正しい挙動となります。

・非常に長いユーザー名を入力する

　これはサーバーに非常に長い文字列を送ってしまってサーバーでエラーが出てしまわないかをチェックします。通常はクライアント側で文字数制限をかけます。

・デバイスの時間を過去または未来に変更する

　これは例えばユーザーの作成された時間によって、何かの処理が行われている場合に不具合が出ないかを確認します。通常はサーバー側の時間を使うようにします。

・ログイン処理中に、別のアプリに切り替える

　サーバーとの通信中や、応答待ちの間にアプリの処理を中断するとよく不具合がおきます。例えばサーバーから応答が帰ってくる前に別のアプリに切り替え、しばらくしてから元のゲームに戻ってきたときタイムアウトのエラーが発生して、ゲームが正常に進行しなくなるという不具合はよく起こります。他にアプリを落とす、端末の電源を切るなどのバリエーションが考えられます。

● デバッグ機能

　これらのテスト項目のテストを行うのに、なくてはならないのがデバッグ用の機能です。クライアント側にもサーバー側にも用意します。デバッグ機能はリリース版には必要のないのですが、普通にプレイしていれば時間がかかってしまうものや、確率でなかなか確認できないようなものを**効率よく確認するために必須の機能**です。

　デバッグメニューを開くには、例えば、クライアント側のアプリの画面のある場所をトリプルタップすると表示されるというようにしておきます。このメニューには、ユーザーの作成機能、アイテムの取得、チュートリアルのスキップなど、チェックを効率良く行うために必要な機能を順次追加していきます。

　サーバー側でも、管理画面というWebページを用意して、そこで色々操作できるようにしておきます。例えば、サーバー時間を変更できるようにしておいて、デイリーログインボーナスのアイテムの配布を確認したり、全員のユーザーまたは特定ユーザーに特定のアイテムを付与できるデバッグ機能を用意したりします。サーバー側のデバッグ機能は、リリース後にユーザーサポートとして使えるものもあります。例えば先程の全ユーザーにアイテムを配布するような機能をデバッグ時に作っていれば、不具合のお詫びにアイテムを全員に配布というような使い方ができます。

● QAの役割

バグの発見も、ただバグを見つければいいだけではありません。簡単に発生しないバグの場合、それがどのような条件で発生するのかを見つけ出すことが必要です。ときには想像していなかった手順を行うことで発生するバグもあります。そのようにQAではテスト項目にあるものだけでなく、想像を働かせて項目に漏れているような手順を考えてみたり、他のゲームにあった不具合をこのゲームでは発生しないかを確認してみたりします。

また、ゲームの品質を上げるためにユーザー目線で確認してみることも必要です。モバイルゲームで一般的な操作方法と違っているような箇所がある場合、同様のゲームで遊んでいたユーザーが操作したときに違和感を覚えることがあるでしょう。そのような箇所の改善策を提案してみたり、ユーザーの不利益になるようなところが無いかを確認してみることも大切です。

例えば、チュートリアルを途中まで進めていたときにアプリを落としてしまい、再度起動したときにチュートリアルが最初から始まってしまったら、そのゲームをやるでしょうか？

まとめ

- QAではまず最初にテスト計画を立てる
- 計画を立てるにはすべての操作を列挙する
- ゲームの品質を上げるための提案を行う

36　デバッグ

ここではモバイルゲームのデバッグの流れを解説します。ゲームエンジンによって具体的なデバッグ方法も変わってきますが、流れは同じでバグ修正状況の進捗管理を行うために、バグトラッキングシステムでQA開発の連携を図ります。

● バグトラッキングシステムによるバグ管理

　まず外部や内部のQAからバグトラッキングシステムにバグが登録されます。このときバグの発生方法や再現方法の説明を書いておきます。必要であれば画像や動画を添付します。登録されたバグはプロダクションマネージャー（PM）やプロダクションアシスタント（PA）、あるいはプランナー等によって、適切な担当者に振り分けられます。割り振り担当は会社によって違うと思います。担当者は企画に関するものはプランナー、デザインに関する部分はデザイナー、プログラムに関する不具合はプログラマーが担当となります。

　割り当てられた担当者はバグトラッキングシステムを確認して自分に割り当てられたバグを確認します。この場合メールが送信されてきたり、モバイルアプリと連携している場合はプッシュ通知が飛んできたりするように設定できるものもあります。

　バグ修正を割り当てられた担当者は、バグを修正します。その日に発生したバグはできるだけその日に修正します。修正が完了したらバグトラッキングシステムのステータスを「修正済」に、担当者をQAに変更します。このステータス変更手順は会社やプロジェクトによって変わってきます。翌日、新しいビルドが作成されQAに配布されると、QAは早速「修正済」ステータスのバグの修正確認を行います。修正を確認できると、ステータスを「修正確認済」に変更します。バグが再度発生した場合はステータスを「再発」として再度開発のバグ担当者に振ります。

■ バグトラッキングシステムの管理例

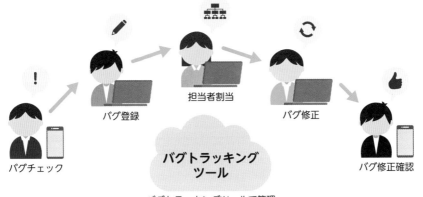

バグチェック　　バグ登録　　担当者割当　　バグ修正　　バグ修正確認

バグトラッキングツール

バグトラッキングツールで管理

● バグの優先度

　毎朝自動ビルドによって前日の修正を取り込んだアプリが当日のQA作業で使用されることになりますが、もしアプリがクラッシュするような深刻なバグが発生した場合は、修正の優先度が「最高」になります。QAに作業が停止してしまうような場合は速やかに修正を行い、すぐにビルドを行いアプリを配布し直すことになります。

　このようにバグには修正する優先順位が設定されます。正常にゲームが進行できないような深刻なバグは優先度が「最高」に、進行はできるが絶対に直さなければならないものは「高」に、特定の条件下で発生するようなものは「中」に、通常行わないような特定の手順を踏むことによりまれに発生するようなものは「低」に、というように修正の優先度をつけて、開発者がどれから修正するかの目安をつけます。

　この優先度も会社やプロジェクトによって段階や条件が変わってきます。

● バグ修正手順

　バグの修正を開始するには、まず登録されたバグの発生手順で再現することを確認します。

仕様的なバグであれば、プランナーが仕様を検討して対応を決めます。決めた仕様によってデザインやエンジニアの作業となる場合はバグトラッキングシステムに仕様変更内容を記述し、担当を変更します。マスターデータ等のデータの不具合である場合はプランナーが修正を行い、更新を行います。

　デザイン的なバグの場合は、デザイナーが修正を行いバージョン管理システムにアップロードします。最近はGUIを使ったツールがあるため、デザイナーでもバージョン管理システムを使うことになります。

　プログラム的な修正が必要な場合はプログラマーがバグを調査することになります。まず登録されたバグが発生手順で再現するかを確認します。バグが発生しない場合は、ステータスを「再現せず」にしてQAに再現手順の再確認を行ってもらいます。特定条件下でしか発生しないバグもあるのでその条件を見つけ出してもらいます。文章だけでは説明が難しい場合は画像や動画を添付してもらいます。

　クラッシュ解析システムを組み入れている場合にクラッシュした場合は、スタックトレースというクラッシュ箇所を特定できるログが取れている場合があるので、確認してみます。

　サーバーエラーが出た場合は、そのエラーログを開発者にチャット等に送信できるようなデバッグシステムを組み入れていると便利です。

　このように色々な手段を使ってバグの発生箇所を特定して修正を加え、ソースコード管理システムにアップロードします。

　修正が終わるとバグトラッキングシステムのステータスを「修正済」にしてQAに修正の確認を行ってもらいます。

まとめ

- ▸ バグトラッキングシステムによってバグ管理を行う
- ▸ バグには修正の優先順位をつける
- ▸ バグ修正には適切な担当者が割り振られ、ステータスによって今誰が対応していて、どのような状態なのかを確認することができる

6章

▼

配信と運用

ゲームが完成したらいよいよリリースに向けて
準備をします。モバイルゲームはリリース後も
機能追加や、遊びやすくするための調整などの
「運用」をしていくことになります。ここでは
リリースするための準備に必要なことや、リ
リース後の運用やKPIと呼ばれる分析について
紹介します。

37 ベータテスト

テストは開発チーム内で行われることが多いですが、中にはリリース前に一般のユーザーにプレイしてもらい、製品の不具合チェック、バランス調整、サーバー負荷などを検証するテストを行う場合もあります。そのテストをベータテストと呼びます。

● ベータテストを行う理由

　開発中のアプリはリリース前に開発チーム内で不具合チェック、バランス調整などは行いますが、中には開発チーム内だけでは確認できない検証項目もあります。例えば、大人数がアクセスした際のサーバー負荷や、アプリのターゲットとしているプレイヤーが触った際のゲームバランスや、アプリの理解度などの確認です。このようなことを本リリース前に検証することにより、**リリース後の不具合を防ぎ、誰でも遊べるバランスに調整するなど、よりアプリを楽しく安定的にできます。**

■ ベータテスト

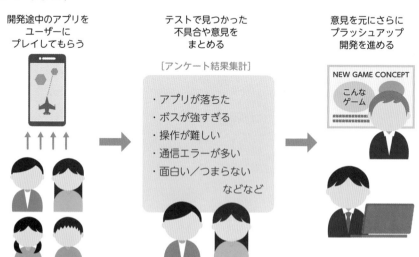

開発途中のアプリを
ユーザーに
プレイしてもらう

テストで見つかった
不具合や意見を
まとめる

意見を元にさらに
ブラッシュアップ
開発を進める

［アンケート結果集計］

・アプリが落ちた
・ボスが強すぎる
・操作が難しい
・通信エラーが多い
・面白い／つまらない
　　　　　　　　などなど

NEW GAME CONCEPT

こんな
ゲーム

●ベータテストで確認されること

・ゲームバランス

・大人数がアクセスした際のサーバー負荷

・不具合

・UI/UX のわかりやすさ

・ユーザーアンケート（感想、意見）

　ベータテストは開発環境ではなく、実際の本番を想定したアプリ、サーバー環境で行うことが多いため、リリース前の大事なテストになります。

　しかし、本番に近い状態とはいえあくまでテスト（開発）段階のため、「まだ不具合が残っている、プレイバランスも未調整である」ことも多いです。ベータテスト終了後、テスト参加者にアンケートを行い、集まったプレイヤーの感想や意見、不具合の発見などを基に、リリースに向けて最終調整などを行っていきます。

◎ オープンベータとクローズドベータ

　ベータテストの形式に大きく2つのやり方があります。

　誰でも参加可能な**オープンテスト形式**と、所持する端末機種やリリースするゲームに興味があるであろうターゲットユーザーや年齢など、特定条件に当てはまる方だけを対象として限定的にテストを行う**クローズドテスト形式**です。

　どちらのテスト方式でも、基本的にはプレイできる期間が限定されており、期間が過ぎると遊べなくなるものがほとんどです。

■オープンベータ

　オープンベータとは文字通り、**オープン（開けた）誰でも参加可能なベータテスト**です。ユーザーは誰でもストアなどからテスト用のアプリをダウンロードでき遊ぶことができます。

　オープン形式でやる目的の多くは、大人数が同時にアクセスした際の負荷をテストすることです。特にネットワーク上でユーザー同士が結びつき遊ぶゲームや、有名タイトルなどで、多くのユーザーがプレイすることが予想される場

合などです。そのような場合、大人数が同時にアクセスしてもプレイに支障が
ないかを確認することが大事なため、比較的人数を集めやすいオープン形式の
テストを行うことがあります。

■ オープンベータテスト

誰でも参加可能なテスト
ユーザーは公開されたテスト用のゲームを
ダウンロードしてプレイすることができる

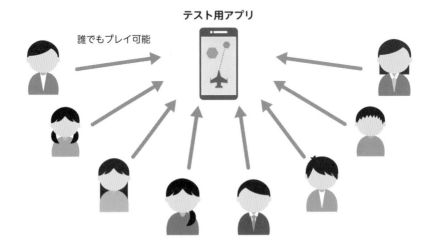

テスト用アプリ

誰でもプレイ可能

■クローズドベータ

　特定の団体やユーザー、指定したスマートフォンを所持している方、参加上
限数が明確に決められているなど、**あらかじめ企業が決めた条件で選ばれた
ユーザーだけが限定で参加できるテスト**形式です。 一定の参加条件を設ける
ことにより、テストの精度を上げることや、より具体的なターゲットユーザー
の意見を集めることなどができます。主にゲームバランスの調整や、負荷検証
が目的で、オープンベータ同様に、プレイしたユーザーからの意見を元に、正
式サービスへ向けた品質向上に反映していきます。

　クローズドベータ後に、オープンベータテストを行い多くのユーザーの接続
負荷テストなどを追加で行う場合もあります。

■ クローズドベータテスト

テスト用アプリ

決められた条件にマッチするユーザー

条件にマッチしないユーザー

例：
・iPhone所持者
・アクションゲーム
　好き
・ユーザー会員
　登録済み
・最大1000人

まとめ

▷ リリース前に本番想定の環境とユーザーで行うテストをベータ
テストと呼ぶ

▷ テストにはだれでも参加できるオープンベータテストと、限定
されたクローズドテストがある

▷ テスト後のアンケート結果をもとに不具合発見やバランス調整
を行っていく

38 カスタマーサポート

ゲームを配信すると、プレイしてくれたユーザーから様々なお問い合わせがあります。そのようなユーザーからのお問い合わせをまとめ、開発チームとユーザーの橋渡しをするのがカスタマーチームです。

● ユーザーからの問い合わせに対応

　ゲームをリリースした直後や、新しい機能を追加したとき、また時には不具合が発生してしまった時など、プレイしてくれているユーザーから多くの意見や問い合わせが日々届きます。

　ゲームへの要望や意見は定期的に取りまとめを行い、開発チームへとフィードバックします。そのような意見を踏まえ、開発チーム側でよりおもしろい、快適に遊べるように改善を行っていきます。ユーザーから寄せられる声にはポジティブなものもありますし、提案のようなものもあります。時には、苦情などもある場合がありますが、それらも含めて 苦情の内容、傾向などを開発部に報告するのも重要な業務です。

　カスタマーチームでは**ユーザーへの迅速丁寧な対応、そして開発チームへ詳細な連絡が主**な業務です。このようにカスタマーチームは、ユーザーと開発チームを繋ぐ橋渡しの役目にもなります。

■ カスタマーサポート

2. 問い合わせ受信
ユーザーの問い合わせ内容と動作状況を確認する。アプリ動作の問題の場合は開発チームへ調査依頼をする

1. 問い合わせ
「プレイできなくなった！」

3. 開発チームへ報告
不具合発生条件などを
開発チームへ報告する

ユーザー

5. ご案内
不具合の原因とお詫び、
対応方法の手順を
ご案内する

カスタマー
サポート

4. 原因と対応方法を報告
調査結果と、対応
方法を報告する

開発チーム

● 開発チームへの連絡

　ユーザーからの問い合わせにはゲームへの意見や要望以外にも、ログインできなくなった、アイテムが消失したなどの不具合の報告もあります。そのような不具合や、調査が必要なお問い合わせの場合は、カスタマーチームから開発チームへ連絡をし、開発チーム側でユーザーのプレイログや、不具合の発生状況を調査します。

　その結果、不具合が見つかった場合は、内容の詳細と、修正の対応方法、場合によってはアイテムなどなくなったものを補填するなどの報告をカスタマーチームへ連絡し、その後カスタマーチームからユーザーへと連絡します。

● 迅速な対応力と文章力

　カスタマーサポートには、ユーザーに適した対応するための臨機応変さとマナーが必要です。

　問い合わせへの対応はメールなどの文章でやり取りすることが多いですが、その場合、内容を過不足なく簡潔に伝える文章力も大事です。

まとめ

▶ **カスタマーサポートとはユーザーからの問い合わせを取りまとめ対応する大切な役割**

▶ **ユーザーと開発チームを繋ぐ橋渡しとして、迅速な対応と文章力なども求められる**

39 配信／申請

iPhone/Androidそれぞれの専用アプリストアでリリースするためには、開発したアプリを提出し、審査を経て、ユーザーがストアからダウンロードして遊ぶことができるようになります。ここでは配信申請に必要な手続きを紹介します。

● プラットフォーム

　ユーザーが所持するスマートフォンには大きく分けて2種類のOSがあります。Apple の iPhone などに搭載されている **iOS** と、Google が開発した **Android** OS です。

● iOS 端末
・Apple 社が提供するスマートフォンで、同社の iOS という OS を搭載している
・各アプリは AppStore という専用のストア経由でダウンロードされる。
・iPhone やタブレット型の iPad、時計型の AppleWatch などがある

● Android 端末
・Google が開発した Android という OS を搭載した端末
・各アプリは GooglePlayStore というストア経由でダウンロードされる
・Galaxy や Xperia、AQUOS など端末メーカーや種類も豊富

　また各プラットフォーム上でアプリを配信するためには、アプリ開発者登録（デベロッパー登録）の手続きも必要になります。開発者は企業、個人でも登録は可能で、プラットフォームごとに登録料、更新費用などがかかる場合もあります。

● 必要な情報
・アプリアイコン

・スクリーンショット

・紹介動画

・アプリ紹介文

・値段（有料の場合は決められた価格帯の中から選ぶ）

・アプリ内課金（アプリ内で追加で購入できる商品情報の登録）

・対応言語

・配信国

・サポートバージョン

○ 審査

　必要な情報を揃えたらアプリ審査に提出をします。審査項目には、アプリの安全性、パフォーマンス、デザイン、法的事項など様々なことを確認されます。

●審査項目の例
・クラッシュやバグなどアプリの進行に重大な問題がある場合

・過度な暴力、わいせつ表現などが含まれる場合

・機能が不十分（シンプルすぎるなど）

・類似、模倣

・申請情報の不備

・デザイン規格（UI/UX）が保たれていない

　またiOSアプリをストアで配信するためには、Appleが定めたアプリのガイドラインを準拠する必要があります。　中にはUIなどのデザイン面のガイドラインなどもあるので、開発前に必ずガイドラインを確認しておくことが大切です。

●例：デザインガイドライン
・各解像度のデバイスでも見きれずに表示される

・システムの操作を阻害しないか

「必要な情報が足りていない、ガイドラインを準拠していない」などと判断された場合は**申請却下（リジェクト）**されます。その場合、開発者は申請却下理由を確認し、修正後再度アプリ審査の手続きを行うことになります。この申請から審査完了までは数日かかることもあるため、配信スケジュールなどが既に決まっている場合などは、注意が必要です。またシーズンに合わせた時期（ハロウィン、クリスマス、お正月など）も、多くの開発者がアプリ申請を行うため、通常より日数がかかる場合もあります。

◉ 配信開始

　無事審査が完了したらいよいよ配信です。配信は申請時にあらかじめ配信日を予約しておくこともできれば、開発者の管理サイトから手動で配信をすることもできます。通常配信開始してからアプリストアに並ぶ（掲載、検索結果にヒットする）には数十分～数時間ほど時間がかかることもあります。

■ 配信

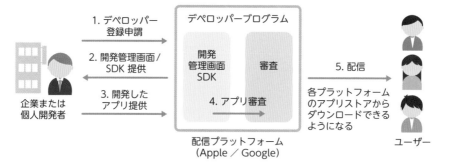

配信プラットフォーム
（Apple ／ Google）

まとめ

▶ アプリを配信するにはプラットフォームごとにアプリストア経由で行う

▶ 申請にはストアに掲載する情報や画像などの素材も必要

▶ アプリ配信には審査がある

40 ゲーム内施策／イベント

リリースしたゲームをユーザーに長く遊んでもらうには、ゲーム内で様々なイベントや施策を追加し、飽きずに継続的に遊んでもらうことが大切です。ここでは長く遊んでもらうための、ゲーム内の様々な施策やイベントの代表的な型を紹介します。

● ゲーム内施策

　ゲーム内施策とは、ゲームを起動するとアイテムがもらえたり、期間限定でお得にアイテムが買えるなど、ユーザーにとって様々なメリットがある施策です。代表的なものの1つに「ログインボーナス」施策というものがあります。

■ ログインボーナス

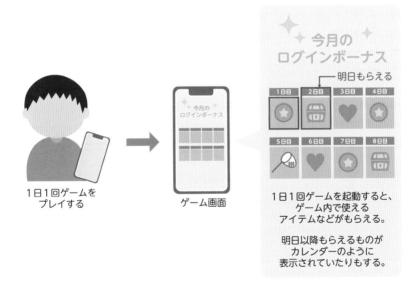

今月の
ログインボーナス

明日もらえる

| 1日目 | 2日目 | 3日目 | 4日目 |
| 5日目 | 6日目 | 7日目 | 8日目 |

1日1回ゲームを
プレイする

ゲーム画面

1日1回ゲームを起動すると、
ゲーム内で使える
アイテムなどがもらえる。

明日以降もらえるものが
カレンダーのように
表示されていたりもする。

　ログインボーナスとは、1日1回ゲームを起動するだけで、ゲーム内で使えるアイテムがもらえたりする施策です。ユーザーが毎日ゲームを起動する大き

なきっかけとなるため、現在ではほとんどのタイトルで入れられているシステムです。中にはプレイしてから100日経過や、連続7日プレイしたなど、継続日数によるログインボーナスや、一度ゲームから離れてしまったユーザーが久しぶりにゲームを起動した時に、カムバックとしてより多くのアイテムをプレゼントして、再びゲームを遊んでもらうきっかけにしてもらうなどのボーナスシステムもあります。

◉ 経験値獲得、アイテムボーナス

　ゲームによってはプレイするのに挑戦回数（スタミナ）や、特定のアイテムを消費するシステムがあります。

　例えば、通常のプレイでは10消費してしまうスタミナを、期間限定で半分の5でプレイできるようにするなど、消費する量を減らし、より多くプレイしてもらうための施策です。

　他にも、キャラクターのレベルアップに必要な経験値を、敵などを倒したときに通常より多く獲得できるなど、より手軽に、早くゲームの進行や成長をサポートするための期間限定施策です。

■ 経験値・アイテムボーナス

期間内だけ経験値アップや、
アイテム獲得数増量などの
キャンペーン施策

ステージ 1-1　はじまりのどうくつ
＊獲得経験値アップ中
xx月xx日 12:00 ～
yy月yy日 23:59まで

ステージ 1-2　であいのみずうみ

ステージ 1-3　まおうのしろ

○ セール

　通常よりもお得にアイテムが購入できたりするセール施策です。いつもより
も購入時におまけが多くついてくるなど、1つ1つバラバラで買うよりも複数
の個数や種類がまとまったパック販売などもあります。お正月には福袋など、
季節に合わせたセールが行われることも多いです。

■ セール

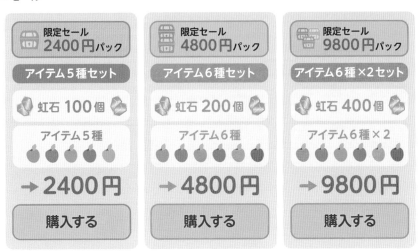

○ 代表的なイベントの型

　ゲーム内イベントとは、特殊なゲームシステムやクエスト（ステージ）が期
間限定などで出現し、普段のプレイとは違った遊び方や、新たなプレイ目標を
与えて、継続的に遊んでもらうための施策です。 ゲームによって様々な施策
がありますが、ここでは多くのゲームで見られる代表的なイベントの型をいく
つか紹介します。

■レイド（急襲）

　ゲーム内に期間限定で強敵のボスやクエストが突如出現し、その倒した数や
与えたダメージなどの量により、ゲーム内でアイテムなどの報酬がもらえるイ

ベントです。多くの場合は強い敵（ボス）と戦うことが多いため、**レイドボス**や**レイドバトルイベント**と呼ばれたりもします。

　プレイヤーは一人で戦うこともあれば、ゲームによっては複数人（CPUや他ユーザー）と協力して倒すイベントもあります。また、ボスの種類もユーザーのプレイ状況に合わせて、Easy/Normal/Hardなど、強さの違いで複数登場したりもします。モバイルゲームに限らず、多くのゲームで採用されているゲームイベントの代表的な種類です。

■ レイド（急襲）イベント

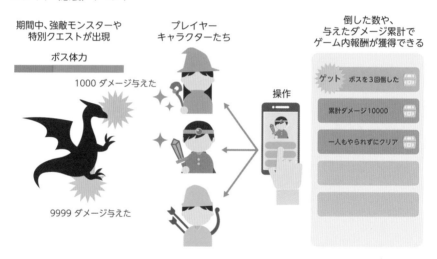

期間中、強敵モンスターや特別クエストが出現

ボス体力

1000 ダメージ与えた

9999 ダメージ与えた

プレイヤーキャラクターたち

操作

倒した数や、与えたダメージ累計でゲーム内報酬が獲得できる

ゲット　ボスを3回倒した

累計ダメージ10000

一人もやられずにクリア

● ユーザーとのバトル・協力

　ゲーム内でコンピューターではなく、他のユーザーと直接戦う対人戦イベントもあります（**PvP (Player to Player)** と呼ばれたりもします）。通常のコンピューターと戦う一人モードとは違い、お互い育てたキャラクター同士で戦うため、通常のプレイよりも強く激しい戦いになります。そのため、対戦相手のバランスが大事になります。ゲームを始めたばかりの弱い状態と、長く遊んでいる強いユーザー同士の戦いなどにならないように、ユーザー同士のバトルでは、できるだけ同じ強さのユーザーから対戦相手を決めるマッチングがとても大切で、これがイベントのバランスにも大きく関わってきます。

一方、ゲームによっては、対戦ではなく、他のユーザーと協力して複数人でボスを倒すなど、ステージをクリアしていく協力型のイベントもあります。一緒にプレイするユーザーには見知らぬ人もいれば、フレンドなど知り合いと一緒にプレイすることもあります。また、サッカーのように複数人でチームを組んで、チームvsチームの協力・対戦プレイをする場合もあります。

■ 対戦・協力

対戦イベント

PvP(Player vs Player)

ゲームを遊んでいるユーザー
同士が戦い勝敗を競う

ユーザー1

ユーザー2

協力/共闘イベント

Co-op(Cooperative Co-operative)

ゲームを遊んでいるユーザー
同士協力してクリアを目指す

ボス

協力して
倒す

ユーザー1　ユーザー2　ユーザー3

チーム/ギルド戦

Guild Battle

複数人同士でのチーム戦
特定の仲間で作られたチーム
はギルドと呼ばれる

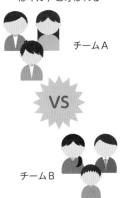

チームA

VS

チームB

■周回／アイテム収集

　定常で遊べるステージ（ゲームによってはクエストとも呼びます）とプレイ内容は似ていますが、イベント専用の特殊なステージが期間限定で出現し、プレイすることによる特別なアイテムやポイントなどの報酬が手に入るイベントです。ゲームによっては集めたアイテムやポイントを使い、さらに別のクエストやボスにチャレンジしたり、好きなアイテムと交換できたりもします。

　基本的には一人で何度も同じステージをプレイして、アイテムやポイントを集めることが多いことから周回型、マラソン型などと呼ばれたりもします。

　また中には、曜日限定や、1日にプレイできる回数が決まっているなど、期間限定ではなく、定常的に遊べるステージが存在するゲームもあります。

■ 周回／アイテム収集

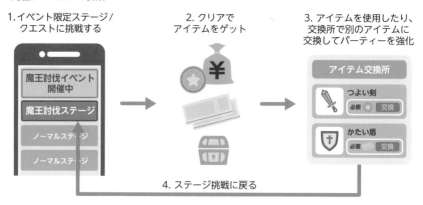

1. イベント限定ステージ／
クエストに挑戦する

2. クリアで
アイテムをゲット

3. アイテムを使用したり、
交換所で別のアイテムに
交換してパーティーを強化

4. ステージ挑戦に戻る

⬤ イベントや施策は組み合わせて行うこともある

　ゲーム内のお得な施策や、イベントはシンプルにそれ単体でも楽しむことは
もちろんできますが、複数のイベントの型やイベントに合わせてお得な施策、
キャンペーンを開催することで、より盛り上げることもできます。

　例えばレイドイベントでは、強敵のボスを倒したことによる自身のアイテム
獲得はもちろんですが、イベント中の討伐数や、累計ダメージなどを他のユー
ザーとランキング形式で競ったり、時に他ユーザーと協力して、複数人で同じ
ボスを倒したりと、いくつかの要素と合わせて開催されることが多いです。ま
た、イベント期間中は連続で長くプレイすることを考慮し、クエストへの挑戦
回数を増やしたり、レベルアップしやすくする経験値ボーナスなどの施策と合
わせたりもします。

✏ まとめ

▸ ゲームを長く遊んでもらうために、お得な施策やイベントを開
催し、普段と違うプレイや目標を用意してあげることが大事

▸ イベントや施策は他の要素と組み合わせると、より楽しませる
こともできる

41 KPI の分析

ゲームの売上を最大化し、よりプレイヤーに満足してもらうコンテンツにするには日々アップデートが必要です。ゲームのどこを改善していくべきなのか。その判断基準の1つになる「KPI」というものについて説明します。

⊙ KPI

KPIとは「**Key Performance Indicators：重要業績評価指標**」と訳されます。本来は企業目標の達成度を評価するための指標のことですが、ゲーム運営では**ゲームタイトルごとのユーザー様の動向指標**として使われることが多いです。

代表的な指標としては以下のものがあります。

●ユーザー指標

・インストール数
・DAU
・継続率

●売上指標

・売上
・課金者数（PU）と課金率
・ARPU / ARPPU

●ゲーム独自の指標

・ユーザーレベル、進捗具合など、ゲームごとの項目

● インストール数

　ゲームをダウンロードし、自分の端末にインストールした人数です。あくまで、インストールした段階の人数であり、実際にゲームをプレイした人数ではないところが注意です。

● DAU

　DAU（Daily Active Users）は、**その日1回以上ゲームを起動したユーザー数**です。1日あたりのユーザー数をDAU、月単位をMAU（Monthly Active Users）と言います。

■ DAU

アプリをインストールしているユーザー

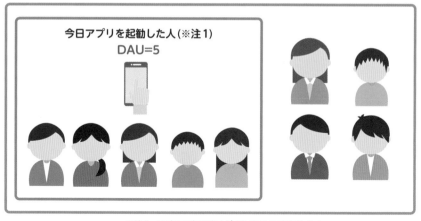

※注1　正確には起動後ログイン通信まで完了した人。
　　　必ずしもゲームないコンテンツを遊ぶところまで進んだわけではない

　こちらもあくまで、「ゲームを起動した人数」であり、遊んだ人数ではない点が注意です。例えば、ゲームによっては1日1回起動すると、ゲーム内アイテムが貰えることもあります（ログインボーナスと呼ばれたりします）。このアイテムを貰うために起動だけし、ゲーム内コンテンツをプレイするまでには至らないユーザー数もカウントされます。

● 継続率

ゲームインストール後から、**どのくらいのユーザーが遊び続けているかの割合**です。

■ 継続率

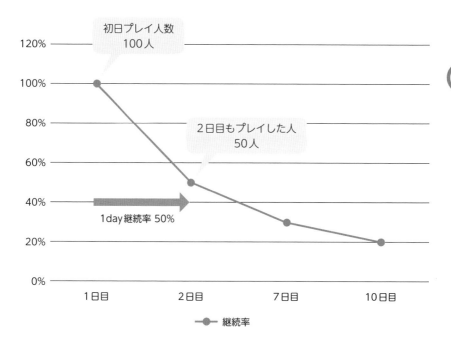

初日プレイ人数
100人

2日目もプレイした人
50人

1day継続率 50%

120%
100%
80%
60%
40%
20%
0%

1日目　　　　2日目　　　　7日目　　　　10日目

━●━ 継続率

例えば、初日100人のユーザーがインストールし、次の日もプレイしたユーザーが50人だった場合、1日あたりの継続率は（50/100）で50%ということになります。

> 1day継続率 =（次の日もプレイした人数）50 /（初日インストールした人数）100

このプレイした期間によって、1day、7day、30day継続率などと分けられたりもします。

● 売上

　ゲーム内アイテムやガチャなどの販売金額は、ユーザーが実際にお金を支払った金額となります。

　売上自体がKPIではなく、この売上を最大化することがゴール（KGI：Key Goal Indicators）であり、そのための指標がKPIということです。

● 課金者数（PU）/ 課金率

　課金者数：Payment User（PU）は、**一定期間中にゲーム内アイテムなどにお金を支払ったユーザー数**のことです。1日あたりの課金者数をDPU（Daily Pay Users）、月あたりの数をMPU（Monthly Pay Users）と呼びます。

　課金率は1日あたり1回でもゲームをプレイしたユーザー（DAU）のうち、1日の課金者数（DPU）の割合です。

課金率 = DPU（1日あたりの課金者数）/ DAU（1日あたりのユーザー数）

　この値はDAUの影響を大きく受けるため、例えば広告宣伝などで大量に新規ユーザーが増えた場合などは課金率が下がります。

● ARPU / ARPPU

　ARPU（Average Revenue Per User）は**1日の全ユーザー1人あたりの平均課金額**になり、DAUにおける売上の割合を示します。

ARPU = 1日の売上 / DAU

そのうち、**実際にお金を支払った人達だけでの平均課金額**をARPPU（Average Revenue Per Pay User）と呼び、1日の課金ユーザー1人あたりの課金額となります。

ARPPU = 1日の売上 / DPU

● ゲーム独自の指標

　売上やアクティブユーザー数などの数値はもちろん大事ですが、ゲーム独自の指標として**プレイヤーのユーザーデータ（プレイ状況）**も大事な情報となります。ユーザーデータには、プレイヤーの現在のレベル、所持金、所持するキャラクター数や、アイテムの数、クエストを何ステージまでクリアしているかなど、そのゲームのプレイ状況に関するデータです。一般的にユーザーデータはサーバー上のデータベースで管理されております。

　プレイヤーのプレイ状況はゲームのバランスを調整するうえでも重要で、例えば、開発側では最初のボスは簡単に倒せるように設定したつもりなのに、いざプレイ状況を見ると、そこまで進んでいるユーザーが実は少なかったりします。その場合、ボス戦まで突破できないバランスに実はなっているのではないか？など仮説を立てて、調整していくこともあります。

まとめ

- ▶ **ゲーム運営においてKPIとはゲームタイトルごとのユーザー動向指標**
- ▶ **ユーザー指標にはインストール数やDAUがある**
- ▶ **売上指標には売上金額や、平均課金額（ARPU/ARPPU）、課金者数（PU）がある**

42 KPI分析で得た情報の活用

KPIは単なる数値の情報にすぎません。得られた情報から、様々なことを仮説検証し、改善項目として活用していくことが、ゲームの運用においてとても大事です。ここではKPIからわかることを紹介します。

● 仮説／検証

KPIで得られた数値を見て、売上が上がった！**DAU（アクティブユーザー数）**が増えた。とただ結果だけを見るのではありません。

モバイルゲームの運用では日々の改善が大事なので、KPIから得られる数値も改善に役立てていきます。そのためには、なぜこのタイミングで売上が上がったのか？など、仮説と検証を行うことが重要です。

● 継続率からわかるユーザーの進捗度

ゲームの運用を続けていくうえで、ゲームを始めてくれてユーザーがどのくらい長く遊び続けてくれているかというのがとても大事な指標になります。これを**継続率**といい、ゲームの運用KPIの項目の中でも重要視されます。日々アップデートを続けていく運用型のモバイルゲームにおいては、継続してプレイしてくれるユーザー数は何よりも大切です。ゲームを開始してすぐにお金を使っていただける（課金）ことはほとんどありません。まずゲームをプレイし、ゲームシステムを理解したうえで、おもしろいと感じたら、お金を使ってもいいかなと思うのが普通です。そのため、いかにゲームをおもしろいと思ってもらい継続してくれるユーザー数を増やすか（継続率を上げるか）は、ゲームの改善項目の優先上位になったりもします。

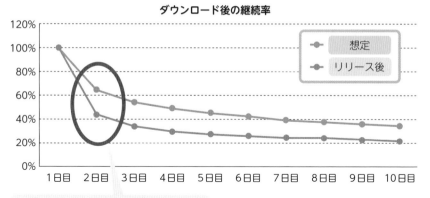

継続日数には、ダウンロードして次の日の1Day、1週間後の7Day、1ヶ月後の30day継続率などがあり、その日数によって、初期ユーザー（ゲームを始めたばかりのユーザー）、中間ユーザー（ゲームを遊んで数週間経過後、ゲームの機能やサイクルなどは理解して遊んでいる）、上級ユーザー（ゲームを数ヶ月プレイしてくれているユーザー。育成、成長などは終えて、より強い・やりがいのあるコンテンツを求める先端ユーザー）と、分かれています。

この継続率は、1Day（インストール直後）、7Day（しばらく遊んでゲームシステムを理解した後）、30Day（育成も終わり、より遊びごたえのあるコンテンツを求めるユーザー）、それぞれに求めるものが違います。どのユーザーがどんなことを欲しているのか、また困っているのかを理解していくことは、ゲーム運用においてとても大切です。ここでは継続率を上げるための施策例を紹介します

◉ 継続率を改善するには？

■毎日プレイするメリットを与える

代表的なものが、1日1回ログインするごとにゲーム内のアイテムがもらえる「ログインボーナス」という施策です。アイテムや報酬がもらえることは、ゲー

ムを起動する大きなきっかけにもなるため、近年ではどのモバイルゲームにも
取り入れらえている施策です。同時に次の日や、累計ログインでもらえる報酬
なども用意し、次の日以降もゲームを起動してもらうきっかけを与えます。

■今日しかできないことがある

　基本的にゲームはいつでもプレイしても遊ぶことができます。しかし、中に
はプレイできる日が月曜日だけと決まっている曜日限定のクエスト（ゲーム
モード）や、11:00〜14:00までなど、遊べる時間が決まっている時間限定、1
日1回しか挑戦できない限定クエストなど、今日、その時だけプレイできる特
殊な要素などを入れて、今日やるべき目標を与えてやることにより、「今日プ
レイしておかないと！」とユーザーのプレイに繋げる方法もあります。

■明日以降に確認できる成長、進捗要素、スケジュール

　ゲーム内には、プレイヤーのレベルアップやボスを倒したなど、プレイして
いてすぐ得られる結果もありますが、なかには、今すぐ結果は得られないが、
明日以降になると分かる・出来ることがあるという要素もあります。今すぐ確
認できないからこそ、「あれどうなったかな？」と明日以降も確認のためゲーム
を起動してもらうという施策です。例としては以下のような要素があります。

・プレイできる回数（ハートや体力）が回復するのに時間がかかる
・強化した武器が明日完成する
・新しい住民が街に引っ越してくる
・新しい建物（施設）の建設が始まった
・来週から花火大会のイベントが始まる

　あえて結果を確認できることに時間がかかる要素を入れて、次の日以降もプ
レイするきっかけを与える施策です。ただ、何でも時間がかかってしまうよう
にすると、すぐに結果が得られないだけで、無駄にプレイに時間のかかるゲー
ムになってしまったりもするので、バランスは重要です。

◉ プレイヤーのプレイ状況から推測するゲームバランス

　売上や継続率とは違い、ユーザーデータからも様々なことを検討することができます。ユーザーデータはプレイヤーが実際に遊んで積み重ねていった成長ステータスですので、これを見比べるとゲームのバランス調整の手助けにもなったりします。

　例えば、ゲーム仕様として、最初のボス戦は誰でも倒せるバランスに開発時は設定したとします。しかし、いざゲームがリリースし、遊んでくれているプレイヤーのユーザーデータを見ると、想定とは違う動き、進捗になっていることも多々あります。

■ 開発時の想定と、ユーザー行動の違い

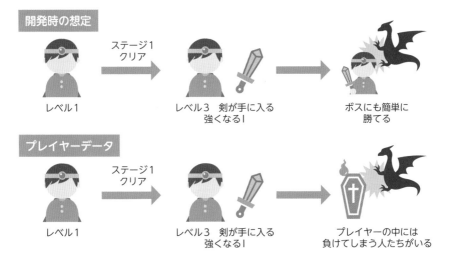

　このような場合、最初のボス戦で多くのユーザーが躓いている理由は何かを検討していきます。そしてゲームを実際にプレイしながら見ていると、実はボス戦前にキャラクターが武器を装備している想定だったのだが、実際には武器を装備しているユーザーが少なかったり、プレイヤーのレベルが想定より低いままボス戦まで到達してしまい、勝てずに離脱してしまったりなど、様々なことがわかります。

■ 想定と違った行動をプレイヤーがとってしまっている

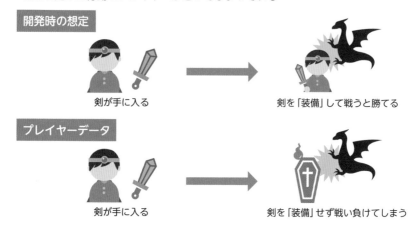

開発時の想定

剣が手に入る　　　　　　　　　　　　剣を「装備」して戦うと勝てる

プレイヤーデータ

剣が手に入る　　　　　　　　　　　　剣を「装備」せず戦い負けてしまう

　そのような場合は、

・チュートリアルに武器を装備する項目を追加する（全員が武器装備状態になるように）
・ボスの体力を低くする
・ボス戦までに得られる経験値を多くする（レベルアップしやすくする）

などゲームバランスの調整をします。

　KPIやユーザーデータから仮説を立て、仕様を見直して立証していくことがKPIを用いた、ゲームの運用になります。

　プレイヤーの成長、進捗実感はゲームを長くプレイしてもらうために大切な要素です。次の日以降も遊んでもらうには様々な施策がありますが、これら全てをただ入れただけでは、改善しません。プレイヤーの中には、今日からゲームを始めた人もいれば、リリース日からずっと遊び続け、もう1年以上遊んでくれている人もいます。プレイヤーのプレイ歴によって、今プレイヤーが求めているものは変わってきます。始めたばかりの人は、まずは強いキャラクターや武器を手に入れてどんどん進みたい、成長したいと思いますが、逆に長く遊んでいる人は、既に成長させることは終えており、より強敵と戦ったり、新たな成長要素（新機能）を欲しているかもしれません。

● KPIの数値は様々な要因で変わる

　KPIは様々な外部要因の影響を受けることもあります。その日、その時にゲーム外で何が起こっていたのかもしっかり把握したうえで、数値を見ることも大切です。

●様々な要因の例
・広告掲載が開始した
　新規のユーザーが一気に増えて、DAU/ダウンロード数も極端に上がった
・ダウンロード数に比べると、アクティブユーザー数が少ない
・インストールしたが、すぐ辞めた人が多い
・お気に入りのキャラクターやアイテムが得られるまで、インストール/アンインストールを繰り返した(いわゆるリセマラ)
・ユーザー数は増えたが課金する人は増えていないので、ARPUなどの数値は下がった
・売上が上がったのはイベントなど、その瞬間だけ魅力的なアイテムなどがあった
・不具合が発生してプレイできない状況にあった
　メンテナンス、ストアへの配信遅延、プレイできない重大な不具合など

まとめ

■ **KPIの数値の意味を正しく理解し、そこから仮説、検証をすることが大事**

■ **KPIは外部要因によっても変わることがある**

■ **今日プレイしてもらうきっかけと、明日以降もプレイしてもらうきっかけを考える**

■ **プレイヤーのプレイ歴(初心者、上級者など)やプレイ状況によっても、求めていることが違う**

43 | タイトルの運用計画

継続的にアップデートを行うことにより、より楽しく、長く遊んでもらえるタイトル
に育てていくのがゲーム運営です。そのためには、いつ、どんなアップデート行うの
かなど、運用計画をしっかり立てることが大切です。

● ゲームの運用計画

　ゲームの運用には、あらかじめ決めておいたイベント開催や機能追加などの
大型アップデートに加え、リリース後に発覚した不具合対応、KPI改善のため
の細かな改修など、事前に予測できるものもあれば、突発的に発生してしまう
項目もあります。

■ リリース後の運用計画例

運用計画

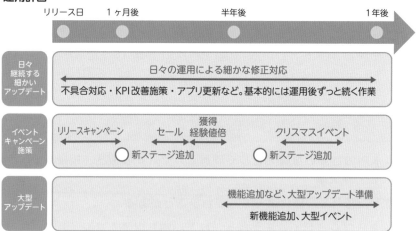

● ユーザー意見やKPI改善を踏まえた、細かなアップデートも必要

　遊んでくれているユーザー意見や、KPI改善のための機能改修、より遊びや

すく、わかりやすくするための細かな機能追加など、運用中に出てくる改善項目はたくさんあります。

●継続的なアップデート項目の例

・チュートリアル改善
・UI/UX改善
・ヘルプや説明の充実
・機能追加
・パフォーマンス改善

リリースした後もユーザー意見や、KPIなどを考慮して日々アップデートしていくこの作業こそ、ゲーム運用において一番大事な部分です。このような継続的な改修により、ユーザーにより遊びやすく、長くプレイしてもらう改善こそが、売上やランキングなどKPI改善にもつながります。

● 大型アップデート

毎週、毎月のようにアプリを更新してより遊びやすくする細かなアップデートもありますが、より楽しんでもらうための新機能や画面の追加、ゲームシステムの追加など、数ヶ月〜1年などの長期の間隔で行う大きなアップデートもあります。新機能追加などは開発にもそれなりに期間がかかるため、ある程度事前にアップデート時期を決め、日々の細かなアップデートもしつつ、新機能の開発も並行で進めていくことが多いです。また大きなアップデートにはゲームアプリの機能だけでなく、開発で使用しているゲームエンジンや使っているツールなど、開発で使っているツールや環境のアップデートなどもあったりします。

● ゲーム内施策（イベント）やキャンペーン

ユーザーが毎日プレイしても飽きないように、ゲーム内でも様々な施策を行います。代表的なものには、イベントの開催や、新しいキャラクター登場、ス

トーリーやクエスト、ステージの追加などがあります。 これらも事前に予定を決めておくことにより、売上やKPI、ゲーム内の盛り上がりなどをある程度予測を立てて運用を進めていきます

● 宣伝、広告、プロモーション

　近年ではアプリをリリースしただけでは、多くのユーザーに認知してもらうことはできません。ゲームをリリースしたこと、新しい機能が追加された情報を発信していくが大事です。さまざまなメディアで記事を載せてもらったり、ホームページやSNSの更新、時には街中に広告看板の掲載や、もっと大型になると電車などのジャック、テレビCMなど、大型のプロモーションもあります。せっかく認知を広げても、KPI（特に継続率など）が改善していなかったり、機能追加やイベントのタイミングと合っていなかったりすると、満足な効果が得られない時もあります。KPIやゲーム機能の運用と合わせて、いつプロモーションをかけるべきかなども計画していきます。

● SNS活用

　Twitter、Line、Instagram、TikTok、YouTubeなど、いまや数多くの人がSNSを利用しています。つぶやきや、日常の投稿などでの情報発信や、他の人との交流など用途は多岐に渡ります。ゲームがリリースされるとゲーム公式アカウントが作られ、SNS上でキャンペーンの紹介や、アップデート内容のお知らせ、不具合の報告など、様々な情報を発信しています。いまやSNSを検索ツールとして利用するユーザーも多く、ゲームのハッシュタグなどに合わせて情報発信すると、より早く、ターゲットのユーザーに伝わるメリットもあります。
　また、ユーザーとリプライでのやり取りにより、よりゲーム公式とユーザーが身近に接することができる点も魅力で、数多くのゲームサービスで公式アカウントが作られ運用されています。

■ SNS を活用し素早く情報発信やコミュニケーションに

`SNS`

ゲームに合わせて公式アカウントが
作れることも多い

【公式】勇者の大冒険スマホゲーム
@yusya-bouken-game

勇者の大冒険公式アカウントです。
イベントやキャンペーンなどの
ゲームの最新情報をお届けします。

ゲーム最新情報や攻略情報を発信したり

時にはユーザーとのコミュニケーション

⚫ 不具合対応

　開発中に検証（動作チェック）は行いますが、それでもリリース後に見つかってしまう不具合も残念ながらあります。不具合の中には、アプリ側（クライアント）要因のものもあれば、サーバー負荷によりネットワーク接続できない、通信が遅いなど原因はさまざまです。これらは事前に予測はできず突発的に発生する項目になり、場合によっては緊急メンテナンスや、修正のためアプリ申請が必要になる場合もあります。

まとめ

▶ リリース後も継続的にアップデートを続け、より遊びやすく長くプレイしてもらえるタイトルに育てていくのがゲーム運用

▶ 運用には事前に計画、準備できるものもあれば、不具合対応など突発的に発生してしまうものもある

44 ローカライズ

近年では日本で作られたゲームやアニメは世界中で楽しまれています。その際、ゲームでは地域に合わせた言語に翻訳する以外にも、表現について確認する必要があります。ここでは多言語化対応する際の作業について紹介します。

● 海外展開

近年ではアプリストアを通じて、日本で作られたアプリを簡単に海外向けにもリリースできるようになりました。日本で作られたゲームが米国やヨーロッパ、アジアなど様々な地域でも大ヒットする事例も多くあります。

海外展開に向けてローカライズ、多言語化対応するタイミングは、リリース前からすでに世界配信が決まっている場合もあれば、当初は日本だけのリリース予定だったが、リリース後大ヒットして人気が高まった場合など、後から海外版リリースが決まるということもあります。

■ 日本で作られたゲームが世界中で遊ばれている

日本で作られたアプリが世界中で遊ばれるようになった。
また海外で作られたアプリが日本でリリースされたりもする

◉ 翻訳

　日本国以外でリリースするには、当然その地域で使われている言語に翻訳しなければなりません。例えば北米向けならば「英語」は必須ですが、地域によっては複数の公用語が存在する多言語国家もあります。とくにヨーロッパなどでは「英語」「イタリア語」「ドイツ語」「フランス語」「スペイン語」「ポルトガル語」など、多くの言語に翻訳が必要な場合もあります。　対応言語が増えるほどより多くの人にプレイしてもらえますが、同時に翻訳作業量も増えるということは覚えておきましょう。

■ その地域の言語に合わせてテキストを翻訳

　日本語を多言語に翻訳する際に注意しなければいけないのが、文字数と改行によるレイアウトの変更です。

　一般的に日本語は漢字が多く使われるため、文字数としては少なく済む場合がありますが、英語など多言語にした場合日本語よりも文字数が多くなり、画面内に収まらなくなってしまう場合があります。　このような場合、1言語であればレイアウトやプログラムの修正で対応することもできますが、多言語で特定言語の時だけレイアウトが崩れてしまうという場合もあります。どうしてもレイアウト修正できない場合は、フォントサイズを調整したり、略語（Attack はATKと略したりします）を使って表示範囲内に収めるということもしますが、

6

配信と運用

207

これも場合によってはサイズが小さくなりすぎて見づらくなってしまうことも
あります。

■ 翻訳した結果、文字数がふえて読みづらくなってしまうことも

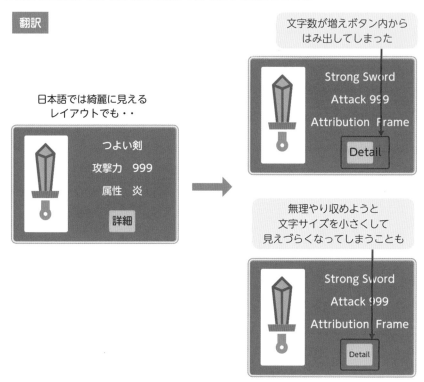

また、文章の改行についても、日本語では句読点の位置など一部を除いては
それほど気にする必要はありませんが、英語などは単語単位での**改行（禁則処
理**と呼ばれます）が必要になります。その場合、行内に収まらない場合は次の
行に単語こと改行になるので、場合によっては指定行数に収まらず、はみ出し
てしまうということが起こることがあります。そのあたりも考慮していかなけ
ればならず、レイアウトの変更や、プログラムの修正が必要になることがあり
ます。

　このように、翻訳といっても単純にテキストを多言語になおすというだけで
なく、**言語ごとの表示**も考慮していかなければなりません。

■ 改行の仕方が変わることもある

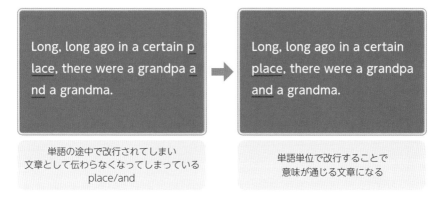

ここでよく混同されがちですが、ローカライズ作業と翻訳作業は少し違います。ローカライズとは**配信地域に合わせて、「言語と表現」を修正していく作業全体**のことを表します。翻訳とは**ローカライズの中の「言語」を扱う修正作業**のことで、日本語を英語にするというような、文字通り言語・テキストの修正部分のことをいいます。けれども、ローカライズの作業は言語の修正だけではありません。国が違えば文化や法律、宗教なども違うように、その地域にはその地域のルールがあります。日本ではとくに問題にならないような表現やポーズも、地域によっては全く違う意味を表す事としてとらえられてしまい、場合によっては誹謗中傷、卑猥な表現に該当することもあります。

● 宗教・法律・倫理・表現の確認も必要

日本では問題にならない表現でも、地域によっては政治的・宗教・法律の面でセンシティブな内容になってしまう場合があります。

例えば、ゲーム中のアイコンマークや、背景、音楽などが、地域によって特定団体や場所を示す表現に気づかないうちになってしまっていることがあります。また、キャラクターのポーズでも、日本と意味が全く異なる感情表現と捉えられてしまったり、場合によっては人を侮辱したり卑猥な表現を意味するポーズになっていたりします。また、その地域の通貨や、時間（日本との時差・標準時）、様々なものの単位なども地域によって扱いが異なります。

■ 日本では問題ない表現でも地域によっては規制されることもある

日本では問題ないかもしれないが、地域によっては特定団体、
場所を表したり、侮辱や卑猥の表現と捉えられることもある

    666

そのポーズは侮辱にあたります。
そのアイコンはうちでは〇〇の団体を表すアイコンです。
キャラクターの衣装の露出が多いです。もっと隠してください

　このように、テキスト翻訳だけではなく表現の部分についても、その地域で
問題がないか確認するとともに、場合によっては表現の修正が必要になること
もあります。 また、あまりに日本向けの表現（デザインテイストや文化）に寄
りすぎていても、他の地域では馴染みがない表現や見た目になってしまうこと
もあるので、そういった面でもその地域に合わせてデザインから変えるという
対応をすることもあります。

まとめ

- ▶ ローカライズとはアプリを他国のユーザー向けに対応する作業
- ▶ テキストの翻訳だけではなく、リリースする国の文化や倫理、
法律なども考慮する必要がある
- ▶ 日本では問題ない表現でも、海外では別の意味で捉えられてし
まったり、NG な表現もある
- ▶ ローカライズはリリース前に多言語対応が決まっている場合も
あれば、日本でのリリース後の人気によって海外展開が決まる
こともある

7章

これからの
モバイルゲーム

技術やトレンドに合わせて年々進化していくモバイルゲーム市場。古くはフィーチャーフォン時代から始まり、約20年以上の歴史があります。ここではモバイルゲームの歴史を振り返りながら、最新のモバイルゲーム市場を説明するとともに、これからゲーム業界を目指そうと思う方へ、簡単ですがアドバイスなどを紹介します。

45 モバイルゲームの歴史と現在

モバイルゲーム市場はフィーチャーフォンの携帯電話時代から始まり、2020年でおよそ20年の歴史があります。現在のスマートフォンを中心としたモバイルゲーム市場になって成長していったのか紹介します。

● モバイルゲームは約20年の歴史

　モバイルゲーム市場は2000年ごろから普及した、フィーチャーフォンのiモードサービスから急速に広がり始めました。ガラケーとも呼ばれる折りたたみ式の携帯電話を使い、当時は月額300円で遊び放題や、買い切りでゲームや着信音を楽しむコンテンツが多くありました。2010年には携帯電話で遊ぶブラウザゲームを中心に、モバゲーやGREEなど、**モバイルプラットフォーム上にコミュニティを形成していく「ソーシャルゲーム」**市場が急速に広がりました。このころから、月額料金制から、現在のアプリ内課金方式のコンテンツも増え始めました。

　そして2008年にiPhoneが発売され、ここから急速にスマートフォンの普及が進み、これまでなかったタッチ操作などの新しいインターフェース、アプリストアから手軽にゲームなどをダウンロードできるようになるなど、モバイルゲームの遊び方も変化していきました。家庭用ゲーム機向けにコンテンツを提供していたゲームメーカーなどもモバイルゲーム市場に続々と参入し、これまでのブラウザで楽しむゲームから、美麗なグラフィック表現、ボタン操作を使った本格的なアクションゲームなど、様々なジャンルのゲームも増えてきています。

　iPhoneやAndroidなどのスマートフォンの普及や、通信網の発達もきっかけに、市場も拡大し、現在も成長を続けています。

● より本格的なゲームへの進化

　近年のスマートフォンや通信環境の技術発達により、モバイルゲームでもよりリッチな表現が可能になりました。スマートフォンのタッチやスワイプなどの入力インターフェースを生かした操作や、家庭用ゲーム機のゲームにも見劣りしない綺麗な映像やサウンド、位置情報（GPS）を利用して、実際に歩いて遊ぶゲームなど、モバイルゲームでの表現の幅、遊び方も広がっています。

　かつての隙間時間を埋めるシンプルなゲームから、長時間遊ぶものなど、プレイスタイルや遊び方も変わってきています。

■ より本格的なゲームが増え、遊び方にも変化

これからのモバイルゲーム

より本格的なゲームへ進化

リズムゲーム、キャラクターを操作するものなど、
より表現や操作も凝ったものに。

隙間時間にやるものから腰を据えて
長時間遊ぶものまで。プレイスタイルにも変化

電車や休憩の隙間時間に手軽遊ぶもの

しっかりプレイ時間を確保し
長時間遊ぶものまで

まとめ

▶ モバイルゲーム市場は約20年の歴史があり、2020年現在も成長を続けている

▶ 隙間時間に遊ぶものから、腰を据えて長時間遊ぶものなど、プレイスタイルやゲームボリュームも様々なタイトルが増えている

46　近年のモバイルゲーム市場

急速に拡大したモバイルゲーム市場。スマートフォン端末の機能向上や、通信網の発達、ライフスタイルの変化などもあり、市場で人気のタイトルも日々変化しています。ここでは近年人気のモバイルゲームの傾向や注目されている技術などを紹介します。

● 大型IP、人気アニメや漫画作品がゲーム化

　近年では家庭用ゲーム機向けの人気作品の新作が、モバイルゲームとしてリリースされたり、アニメや漫画などで人気になった作品をモバイルゲーム化するなど、大型IPや人気作品を用いたゲームが多くリリースされています。また、別のモバイルゲーム同士がコラボ（そのゲーム中にキャラクターとして登場するなど）こともあります。

　人気作品を用いることにより、数あるアプリの中で認知度を上げるというのはもちろん、ゲームをきっかけに作品のファン増やす、あるいは逆にアニメや漫画をきっかけにゲームにも興味を持ってもらうなどの効果もあります。

　また、パソコンや家庭用ゲームタイトルで人気だった作品をモバイルゲーム向けに出し直す（移植）ことも増えてもきています。

■ 人気タイトルのゲーム化やコラボ

漫画やアニメなどで人気だった作品を用いた
スマホゲームの登場

ゲーム化決定！

人気作品同士が「コラボ」という形でゲーム内に
登場したり、特別なイベントが開催されたり

勇者クエスト　　　恐竜ハンター

ゲーム内に
大人気アプリ
「恐竜ハンター」の
モンスターが
期間限定登場

◉ 多人数での対戦、協力プレイ、クロスプラットフォーム

　モバイルゲームも一人で楽しむものから、近年では他の人と対戦、協力して一緒に遊ぶプレイスタイルのゲームも多く登場しています。なかには100人vs100人など、大人数での対戦ゲームも近年大ヒットしています。

　従来ではiOS、Androidと、スマートフォンのOSは違えど、モバイルアプリ内では一緒に遊ぶことはできていましたが、近年では、モバイルアプリ版、家庭用ゲーム機版、PC版と、マルチプラットフォームで展開されるゲームも多くなりました。そのため、ゲームプラットフォームは違えど、どちらも同じアカウントで一緒に遊べる「**クロスプラットフォーム**」というのも広がりつつあります。

　今やSNSだけではなく、モバイルゲームをコミュニケーション場として利用するということも増えてきています。

■ クロスプラットフォーム（スマホ版、家庭用ゲーム版、パソコン版で遊ぶ）

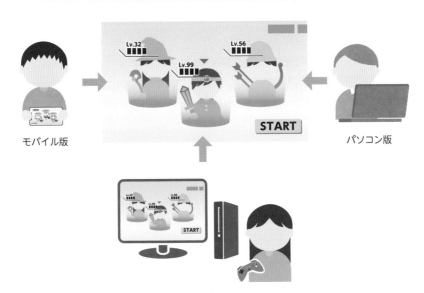

同じアカウントで別のプラットフォーム版でも遊べたり、
マルチプレイなども一緒にプレイできるタイトルも増えてきている

モバイル版　　　　　　　　　　　　　　　　　　　　　　　パソコン版

家庭用ゲーム機版

● サクッと遊べるカジュアルゲームも人気

ある程度プレイする時間を確保してがっつり遊ぶゲームもあれば、隙間時間に手軽に遊べるカジュアルゲームも変わらず人気があります。

1タップ操作だけで遊べるシンプル操作や、パズルゲームなど、無料のアプリランキングの上位にも数多くランクインするなど、有名タイトルにも並ぶ人気が現在もあります。

カジュアルゲームはそのシンプルさから、複雑な説明などはなく、画面を見ただけで遊び方がわかる強みを生かしたグローバル展開のしやすさ、もう1回遊びたくなるゲーム性と広告表示をうまく組み合わせるなど、カジュアルですが、収益性の高いタイトルも多くあります。

● 海外産のゲームも日本でヒットする時代に

日本のモバイルゲーム市場でヒットするのは日本産のゲームだけではありません。近年では、海外で作られたゲームが日本向けにリリースされたりすることも多くなり、ランキング上位に海外産のタイトルがランクインすることもあります。

美麗なグラフィック表現や、アクション性の高いものもあれば、カジュアルゲームなどジャンルも幅広くあります。

● 最新技術

新しいスマートフォン端末や通信網の普及など、技術や機能も急速に進化しています。第5世代移動通信システム「5G」では今よりもさらに高速な通信ができるようになり、より周りのものがネットワークで繋がるようになる時代になるかもしれません。

また仮想空間技術の「**VR（仮想現実）、AR（拡張現実）、MR（複合現実）**」で実際の生活とゲームやアプリの境界をなくす表現や、位置情報（GPS）や歩数などのヘルスケア情報を利用するなど、実際の生活と結びついた楽しませ方もあります。

■ 高速通信や、AR、IoTなど最新技術も注目

通信網の発達により、
より速く大量のデータ送受信が可能に

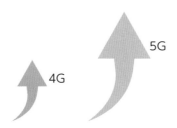

5G

4G

拡張現実 (AR) などで、
生活空間にキャラクターがいるように見えたり

スマートフォンと身の回りの家電が
つながるIoT

まとめ

▶ モバイルゲーム市場は約20年の歴史があり、2021年現在も成長を続けている

▶ 大型IPや大規模での開発により、家庭用ゲーム機タイトルに近い開発規模になってきている

▶ 他の人と対戦、協力する遊びや、100人vs100人など大人数でのバトルロイヤル型も人気

▶ 隙間時間に手軽に遊ぶカジュアルゲームも変わらず人気

▶ 日々進化する技術をうまく取り入れて、より楽しく遊ばせる手段にする

47 クリエイターの心得

世の中の技術や流行は目まぐるしい速さで変わっていきます。そのなかで、多くの人を熱狂させるモバイルゲームを作るには、世の中の変化にアンテナを張り、常に新しい技術や情報を得て自分磨きをしていくことが大切です。

● 新しいことをインプットする時間をつくる

　IT業界の技術進化は目まぐるしい速さで進んでいき、情報もどんどん更新されていきます。様々な技術を用いるゲーム開発においては、こうした最新情報、技術を常に取り入れ続けていくことになります。そしてその新しい技術を扱うには、自分自身のスキルアップも大切です。プロのゲームクリエイターといえど、新しい技術や知識は勉強しなければ得ることはできません。しかし、ゲームクリエイターに限らず、毎日仕事や学業、アルバイトなどをしている中で、自分の自由時間を確保することは難しいと感じる方も多いと思います。ここで大切なのは、自分のペースで無理なく続けられるインプットスタイルを身につけていくことです。

　例えば、睡眠時間を削ってまで無理に時間を作ったり、休日8時間ずっと勉強するなどは、逆にツラくなってしまい、長続きしなくなってしまう可能性もあります。この場合、まずは毎日10分でもいいから、何か新しいことをやってみるなど、隙間時間を使い継続していくというのも大事です。本を読む、勉強する、ゲーム以外のエンターテイメントに触れてみる。日常の隙間時間でもうまく使い、常に新しい情報、体験を得る、またそれを継続していくといった、**新しいことをインプットしていくことを習慣化**し、変化していくことを楽しめることも、移り変わりの早いエンターテインメント業界では大切になります。

■ 忙しい日常の中でも、短い時間でも継続してインプットをする

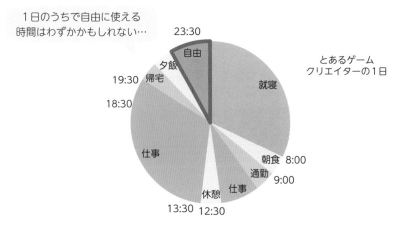

1日のうちで自由に使える
時間はわずかかもしれない…

とあるゲーム
クリエイターの1日

インプットを継続することが大事！

毎日、1日10分だけでも
勉強することを継続する

ゲーム以外の
ものにも触れる

最新情報を得る

流行・ライフスタイルの変化に敏感になる

　流行るゲームとはなにか？と考えるには、「今」世の中で流行っているものを知ることが大事です。ゲームだけでなく、アニメや漫画、食べ物、ファッションなど、**「今」世の中で流行っているものに常にアンテナを張り、最新の情報を得る**ようにしましょう。

　また、**ライフスタイルの変化**もゲームを作る上で大切なことです。人々が見慣れているもの、使い慣れているもの、生活の一部になっているデバイス、技術は何かを知ることにより、その技術や体験をゲームに活かせないか？と考えてみるのもよいでしょう。

7

これからのモバイルゲーム

■ 流行やライフスタイルの変化に敏感になる

いまタピオカと◯◯の漫画大ヒット中です！

昔はCDで音楽を
聴く時代だったが

今はスマートフォンで
音楽をダウンロードして
聴く時代に

流行に敏感になる

声による操作

SNSでの情報発信

ライフスタイルの変化もキャッチする

● 情報を得た後は体験する

　今やSNSやネット検索を使えば簡単に情報が入手できる時代になりました。SNSのトレンドに今流行っているワードが並んだり、飲食店のランキングサイトでは、美味しいと評判の店は評価の星の数が多く、自分で食べに行かなくても、他人の評価を見て美味しいお店と知ることができます。

　しかし、自分で体験することもとても大切です。流行のゲームや漫画を実際に読み、他の人たちがなぜおもしろいと言っているのか自分で確かめる。美味しいと評判のお店に行き、自分で食べて、自分の評価は、他の人の評価と同じなのか？体験することが大事なのです。

　なぜ他の人はこんなに絶賛するのだろう？と、「**自分で体験し、世の中の感覚を知り、また時には自分とのズレを確認する**」。情報を得た後は、「**その情報を活用し、自分でも体験する**」、「**多くの人々の体験を自分でも体感する**」のは、ゲーム作りにおいても大切なことです。

■ 実際に自分で体験することも大事

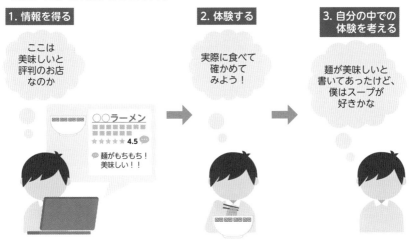

● もちろんゲームもプレイする

　ゲーム開発者であれば、当然ゲームをプレイすることも大切な「仕事」の一部です。しかし、ただ遊ぶのではなく、少しクリエイター目線で遊ぶことを心がけましょう。

　この動きはどんな表現で作られているのだろう？ わかりやすいUI（ユーザーインターフェース）ってどんなものだろう？ この魅せ方、演出は爽快感あって良い！など、自分が作るとしたらどうするとか、どんな実装方法になっているのだろう？と、クリエイター目線で見て考えることもまた1つの勉強になります。

まとめ

▶ 忙しい中でも新しいことをインプットする時間を確保し、スキルアップをしていく

▶ 世の中の流行を常にチェックし、変化に敏感になる

▶ SNSやネット検索を使い情報が得やすい時代だが、自分で体験することも大切

48 ゲームクリエイターに なるためには

ゲーム業界に入るためにはどんな手段があり、またどんな人が向いているのか。ここでは将来ゲーム業界を目指す学生の方たちに向けた、ゲームクリエイターになるための進路や、それに向けて何をすればよいのか説明します。

● 進路

　ゲーム業界に入るには、ゲームを作っている会社に就職するのが基本になります。近年ではスタートアップなどで起業したり、フリーランスでゲームを作ることもできますが、今でも一番多いのはゲーム会社への就職です。

　ゲーム開発に必要な技術は、書籍やネットを用いて独学も可能ですが、多くは大学や専門学校に通い知識を身につけていきます。ゲーム開発に必要な知識をしっかり学べるゲームの専門学校もあれば、学歴も身につけるため大学進学を選び、学校の研究室やサークルでゲーム開発やプログラムなどの知識を学ぶということもできます。実際ゲーム業界にいる方々の学歴も専門学校卒、大学卒の方が多いです。決まった道筋はないので、自分にあった進路をしっかり考えることが大事です。

● 学生のうちからでもゲームは作れる

　ゲームを作る仕事がしたいのであれば、学生のうちからでもゲーム作りをして学んでいくことは大事です。今やゲーム開発で使用するゲームエンジンやデザインツールなどは、無料で使えるものも多く、その開発環境は実際のプロの開発現場でも同じものを使っています。例えば、ゲームエンジンのUnityやUnrealEngine4などは、今やゲーム開発でプロ、個人問わず多くのゲーム開発現場で利用されています。また、ゲーム開発に関する技術書籍も数多くあり、いますぐゲームを作ろうと思えば作れる環境があります。

■ 今やゲームを作る環境は充実している

開発環境が充実。プロの現場でも使う
ツールなどが無料で使えたりもする

ゲーム開発に関する書籍も充実
ブログなどで技術情報を知ることも可能

　そして、SNSなどを使い作品をアピールしたり、インターネット上で公開
し遊んでもらい、色々な人の意見を聞くこともできます。
　学生のうちからでも、**作る・公開する・意見を聞く**、そして改善点を考えて、
次の作品に活かしていく。プロの現場でも実際に行うゲーム開発の流れを、学
生でも体験することができます。

■ 作ったゲームは公開していろんな意見を聞こう

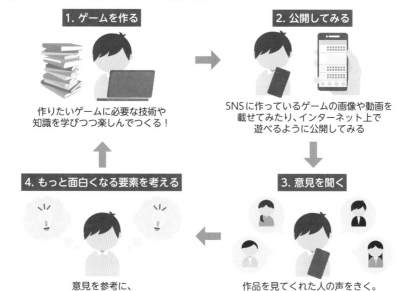

1. ゲームを作る

作りたいゲームに必要な技術や
知識を学びつつ楽しんでつくる！

2. 公開してみる

SNSに作っているゲームの画像や動画を
載せてみたり、インターネット上で
遊べるように公開してみる

3. 意見を聞く

作品を見てくれた人の声をきく。
良い・悪い意見どちらも参考にする

4. もっと面白くなる要素を考える

意見を参考に、
もっと改善できそうなことを考えて次に活かす

ゲーム開発には様々な技術や知識が必要です。何から学んでいけば良いか迷うときは、まずは好きなことから始め、少しずつ勉強範囲を広げていくのが良いでしょう。

● いろいろなものに興味を持とう

ゲーム開発に必要な知識は、ゲームをプレイしたり、技術を勉強したりすることだけではありません。好きなことだけじゃなく、時には苦手なこと、興味ないと思っていたことでも一度は体験してみることも大切です。好きなことだけではなく、**幅広い知識を持つこと**で、様々なゲームジャンルについても考えることができます。

● 周りの人への感謝の気持ちを忘れない

ゲーム開発はチーム開発で行うことが多いです。他の人と一緒に作業する時に大切なのは、相手を尊敬し、感謝する気持ちをわすれないことです。今、ゲーム業界を目指して勉強に集中できるのは、ご両親や学校の先生のサポートがあってのことです。**周りの人への感謝**の気持ちはわすれないようにしていきましょう！

まとめ

- ▶ ゲーム業界を目指す進路もいろいろ。自分に合った道を考えよう
- ▶ ゲームを作る環境は充実している。まずはゲームを作ってみよう
- ▶ ゲーム以外のことにも興味をもち、幅広い知識を持とう
- ▶ ゲーム開発はチームワーク。周りの人への感謝の気持ちを持とう

49 テレワーク

近年では、時間や場所にとらわれない柔軟な働き方を推奨し、オフィス以外の場所でも働ける「テレワーク」を導入する企業が増えました。ここではテレワークにおける環境やコミュニケーションについて紹介します。

● テレワークでの新しい働き方

テレワークのやり方にもいくつかあります。自宅にいながら作業を行う「**在宅勤務**」、外出先や移動中、カフェや図書館などの場所で行う「**モバイルワーク**」、本社ではなく別の場所にオフィススペースを設けて業務を行う「**サテライトオフィス**」などです。企業や職種により、柔軟に働き方や場所を選ぼうとするのが働き方改革です。

■ テレワークの仕方もいろいろ

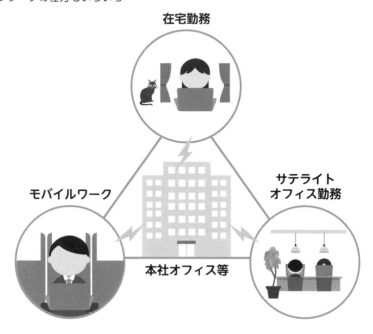

在宅勤務

モバイルワーク

サテライト
オフィス勤務

本社オフィス等

まずテレワークによる一番のメリットは、毎日の通勤時間がなくなったことかもしれません。毎朝時間をかけて満員電車で通勤し、長時間勤務するなかでは仕事と私生活の両立は難しいものでした。テレワークにより自宅でも作業ができるようになると、通勤の移動時間の削減や、家族と過ごす時間、スキルアップのための勉強など、**仕事と私生活の両立のための時間の確保**ができるようになりました。

■ 移動時間がなくなり、自分のための時間が確保しやすくなった

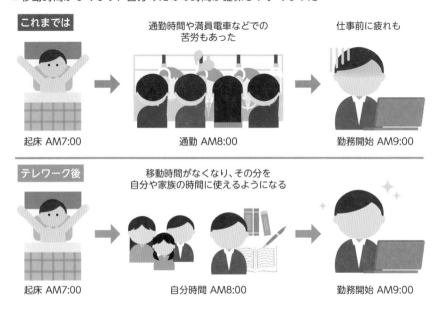

　また、業務がITワーク中心になることにより、ペーパーレスや書類の電子化、チャットやビデオ通話でのやりとりなど、様々な業務が効率化されていくこともメリットの1つです。

　一方でテレワークにより逆に難しくなってしまったこともあります。チャットやビデオ通話でのコミュニケーションがメインになったことにより、情報の共有などがしづらくなった面もあります。

　また、テレワークでは働いている姿までお互いみることはできないので、これまで評価されていた仕事への姿勢なども、なかなか見えにくく、「成果」によって評価されてしまうことが多くなってしまうかもしれません。

自宅などが職場になることにより、逆に仕事と私生活の境目がなくなってしまうということもあるかもしれません。自宅なので逆に夜遅くまで作業してしまうことや、運動不足になりやすい面もあります。

このようにテレワークにはメリットもあれば、場合によってはデメリットもあるので、会社と従業員一人一人の心がけや自律も大切になります。

● テレワークへの準備（作業環境）

自宅で作業するにはパソコンとインターネット環境は最低限必要です。パソコンは職場で使っているものを自宅で使用したり、職場のパソコンに自宅からリモート接続して作業したりすることもあります。

自宅ではスマートフォンしか使っていない場合などは、インターネット回線がないこともあるので、モバイルWi-Fiを使用したり、場合によってはネット回線を引いたりすることも必要になってしまいます。テレビ電話会議などをする場合にはヘッドセットなどの機材も必要になります。

ご家族がいるご家庭では作業場所の確保だけでなく、ご家族の理解や、長時間作業しても疲れないための机や椅子なども必要になるかもしれません。

■ 自宅などではパソコンやインターネット回線、作業場所の確保など準備がいる場合もある

基本はパソコンとインターネット環境があれば
作業できることは多いが、長時間の作業も考えると、
より快適な環境が必要になる場合もあり、準備することも多い

机や椅子など、作業場所は
確保できているか？

ビデオ会議用のマイクや
カメラなどはあるか？

家族の理解も
必要になることも

● テレワークへの準備（セキュリティ）

　職場の仕事を自宅で行う場合に重要なのはセキュリティ対策です。テレワークでは、社内で使用していたパソコンやタブレットを自宅に送付して使うこともあります。職場で使い慣れた機材をそのまま利用でき、データなどを移行する手間も省けますが、紛失や盗難、情報漏洩のリスクもあります。また不正なサイトにアクセスしてウイルスに感染してしまうこともあります。

　社内ネットワークにはVPN経由で接続したり、ウイルス対策ソフトを導入したりするなど、できるだけ紙で情報を残すことはやめるなど、セキュリティ対策は**ルールと使うツール両方をしっかり決める**必要があります。

● コミュニケーション

　テレワークでのチームメンバーとのコミュニケーションは主に**チャット**と**ビデオ通話**の2つが主な手段になります。チャットではChatworkやSlack、ビデオ通話ではZoomやMicrosoft Teamsなどを使うことが多いでしょう。

　また、職場内だけではなく、採用面接や外部会社ミーティングなどでも、ビデオ通話を利用することが多くあります。

まとめ

- ▶ 時間や場所にとらわれない柔軟な働き方が広がりつつある
- ▶ テレワークのメリット、デメリットを正しく理解し、会社と従業員一人一人の心がけと自律も大事

ゲーム業界でのキャリアプラン

　ゲーム開発の職種には大きく分けて、企画職と開発職に分かれます。企画職とはプランナー、ディレクター、プロデューサーといった、ゲーム企画やチームをまとめる方々のことで、開発職はプログラマーやデザイナー、サウンドなど、それぞれ専門分野のスキルを身につけた方々です。ここでは様々な職種の方が働くゲーム業界でのキャリアプランについて紹介します。

　例えば、企画職の場合は、ゲームの機能を考える1プランナーからスタートして経験を積み、やがて他メンバーに指示を出すパートリーダーになっていきます。その後、ゲームの面白さを追求するディレクターや、ゲーム開発チームを率いるまとめ役のプロデューサーとなるキャリアがあります。一方、プログラマーやデザイナーといった開発職の場合は、企画職同様に、まずは各スキルを活かした作業メンバーとしての位置からスタートし、リーダーになっていきます。開発職の場合、その後、企画職への道に移り、ディレクター・プロデューサーを目指すか、より自身のスキルを磨き上げて、開発職のプロフェッショナルを目指すかのキャリアプランに分かれます。

　「自分で考えたゲームを作りたい」「ゲーム開発チームのまとめ役になりたい」というと、どの職種でも最終的にはゲームディレクターやゲームプロデューサーを目指すことになります。開発職としてスペシャリストとなるか、様々な経験を積み、やがて企画職としてディレクターやプロデューサーを目指すか、目指す過程にはいくつもの道があります。自身のやりたいことやスキルなども考えて判断していきます。

　筆者（プログラマー）の例でいうと、ゲーム業界のスタートはゲームのデバッグ作業をするデバッガーとしてのアルバイトから始まり、プログラミングスキルを身につけて、プログラマーとなり、その後はスキルを磨きリードプログラマーという道を進んでいます。どの道を進むにしても、大切なのは「ゲームが好き」という気持ちです。これからゲーム業界を目指す方、またすでにゲーム業界で働き、これからのキャリアプランを考えている方も、「自分は将来こうなる！」というプランを考えて進むことが大切です。

7

これからのモバイルゲーム

索引　Index

参 考 文 献

■ゲームエンジン
モバイルゲーム開発でよく使われるゲームエンジンです。
・Unity
https://unity.com/ja/solutions/game
・Unreal Engine 4
https://www.unrealengine.com/ja/

■クラウドサービス
モバイルゲームでよく使われるクラウドサービスです。
・AWS
https://aws.amazon.com/jp/
・Firebase
https://firebase.google.com/?hl=ja
・Google Cloud
https://cloud.google.com/

■情報共有・コミュニケーションツール
モバイルゲーム開発現場でよく使われる情報共有・プロジェクト管理・バグトラッキング・コミュニケーションツールです。
・Confluence
https://www.atlassian.com/ja/software/confluence
・Backlog
https://backlog.com/ja/
・Chatwork
https://go.chatwork.com/ja/
・Slack
https://slack.com/intl/ja-jp/
・Zoom
https://zoom.us/
・Google Meet
https://workspace.google.com/products/meet/
・Microsoft Teams
https://www.microsoft.com/ja-jp/microsoft-teams/group-chat-software
・Jira
https://www.atlassian.com/ja/software/jira
・Google スプレッドシート
https://www.google.com/intl/ja_jp/sheets/about/

■アセット
ゲームエンジンのアセット販売サイトとUnity Technologies Japanが無料配布しているアセット「ユニティちゃん」。
・Uniy Asset Store
https://assetstore.unity.com/?locale=ja-JP
・UE マーケットプレイス
https://www.unrealengine.com/marketplace/ja/store
・ユニティちゃん
https://unity-chan.com/

■ソースコード管理
代表的なソースコード管理サービスです。
・GitHub
https://github.co.jp/
・BitBucket
https://bitbucket.org/product/
・GitLab
https://www.gitlab.jp/

■サウンド
モバイルゲーム開発でよく使われるサウンドエンジンです。
・Wwise
https://www.audiokinetic.com/ja/products/wwise/
・CRI ADX2
https://game.criware.jp/products/adx2/

■継続的インテグレーションツール
モバイルゲームの開発中によく使われる自動ビルドツールです。
・Jenkins
https://www.jenkins.io/
・CircleCI
https://circleci.com/ja/

■アプリ計測ツール
モバイルゲームのKPIを計測するためによく使われるツールです。
・AppsFlyer
https://www.appsflyer.com/jp/
・Repro
https://repro.io/
・Adjust
https://www.adjust.com/ja/

■モバイル開発者サイト
iPhoneとandroidの各開発者サイトです。
・Apple Developer
https://developer.apple.com/jp/
・Android Developers
https://developer.android.com/

■SNS
代表的なソーシャルネットワークです。
・Twitter
https://twitter.com/
・Line
https://line.me/ja/
・Instagram
https://www.instagram.com/?hl=ja
・TikTok
https://www.tiktok.com/ja-JP/
・YouTube
https://www.youtube.com

おわりに

本書を手に取り、最後まで読んでいただきありがとうございました。

モバイルゲーム開発における全体像把握の一助になっていたら幸いです。

モバイルゲーム業界は規模がどんどん大きくなり、ちょっとしたきっかけで流れが大きく変わってしまう激動の時代になりました。ハードの進化と共に、コンシューマー業界が数十年かけてきた歴史をほんの10年ほどで追体験してきたのです。規模が大きくなると開発費用も高騰し、国内市場だけではカバーできなくなるため海外も視野に入れた企画や開発が求められるようにもなっています。とはいえ、視点を変えることができればこれまでに培った開発のナレッジやノウハウを活用してヒットを狙うこともできる可能性がまだまだあるのがモバイルゲーム業界です。そのためにも基礎知識を持ち、それを磨き、そして新しい物事を貪欲に取り入れることが非常に重要です。

この本でお届けした内容を土台に、あなた自身をブラッシュアップし続けてください。もしかしたら数年後には『モバイルゲーム』という概念すら変わっている可能性はありますが、どんな時代になっても戦い続けることができるはずです。

翻って、モバイルゲーム開発という活動について少しだけお話をします。

もの作りというものはモバイルゲームに限らずアクシデントやトラブルの連続で、スムーズに予定どおり進むことの方が少ないものです。さらにチームで開発を行うということは他人とのコミュニケーションを重ねて意見をぶつけ合うことでもあるので、ハードな状況になることもあります。そして結果的にうまくいって成功することもあれば、失敗して報われないこともあるのです。

それでも続けていけるのは、その作品を遊んだ人が熱中したり、笑ってくれることを信じているからです。

仮に商業的にうまくいかなかったとしても（組織的にはだめなんですけど）、ひとりでも多くの人が少しだけ幸せになってくれればいいなと願っています。

そして、クリエイターという生き物は基本的にエゴの塊です。

クリエイターはひとりひとり、もの作りに対してそれぞれの原体験、成功体験を持っていると思います。それは、もしかしたら本人も忘れてしまうほど小さなことで、昔のことかもしれません。でもきっとその最初のきらきらした体験が、あまやかな記憶となって心の底に残っています。

それをもう一度味わうために、次の作品に向かうのです。

◉ アウトプットの重要性

　本書を手に取る方は、モバイルゲームの開発に携わり、クリエイターとして活動したいと考えている方が多いかと思います。

　それでは、胸に手を当てて思い出してください。

・自分は何をどれだけアウトプットしたか
・誰かに見てもらい、意見を求めたことがあるか

　クリエイターにとって何より重要な行動が、この2点です。できあがったものがどんなに小さくても、クオリティーが低くても構いません。

　自分が思い描いたオリジナルなものを、とっかかりがない状態から試行錯誤して完成させること。まずこれができるだけでも、あなたには素質があります。自身を持ってください。ゼロから何かを生みだすという行動は実は意外とハードルが高く、「やりたい」という方は多いですが「やった」と言える方は少ないのです。

　まず完成形をイメージし、その過程を検討して実行し、完成させる。こう書くと何かに似ていませんか？そうです、モバイルゲーム開発もものすごく大きな視点で表現すると同じ文章になるのです。もちろん規模や完成物の違いはありますが、根本は同じです。

　そして、次にそれを第三者に見てもらい、意見をもらうこと。ここまでできればあなたは既にクリエイターです。

　どれだけ傑作が完成したとしても、それができなければ世界がそれ以上広がりません。自分以外の視点では、見えるものに限りがあります。誰かに見てもらい、その意見を取捨選択して取り入れて視野をアップデートすること。そしてそれを元に次の作品に向かうこと。

　これもモバイルゲームの開発と同じですね。完成した作品をリリースし、プレイヤーの意見を取り入れつつ運用を行います。

　意見の中には厳しいものもたくさんありますが、それらをどのように解決するか、何を改善すればもっと楽しんでもらえるのか、常に考え続け、走り続ける必要があります。

　念のため記しておきますが、意見と暴言は別物です。どんなものでも受け止める必用はありません。なぜその発言に至ったかは検討する価値がありますが、それはまた別のお話です。

　クリエイターとして活動したいと考えている方は、この2点を意識して継続的に行ってください。もしモバイルゲーム業界で働かなかったとしても、その体験は必ずあなたの血肉になっています。

　この本が、あなたのゲーム開発における『はじまりの地図』になることを願っています。ありがとうございました。

| 著者紹介 |

永田　峰弘 (ながた　みねひろ)

サウンドクリエイターを経てゲーム業界に入り、モバイル、スマートフォン向けタイトルを中心に企画、ディレクションを担当。タイトー、カヤック、DeNAで様々なタイトルに関わり、現在もゲーム業界に身を置き活動中。モバイルゲームのゲームデザインを軸に活動範囲を広げ、VRの研究開発にも着手。2018年にハイエンド向けVRゲーム『VoxEl』を開発しCEDEC 2019に登壇。酒粕から作った甘酒がすきです。

● 読者に向けて ···

この本を手にとって、ここまでちゃんと読んでくれてありがとうございます。今回はゲーム業界の片隅で体験し、学んたものの一部を書き連ねました。少しでもあなたの力になっていたら、とてもうれしく思います。

もしどこかでお会いした時は、気軽に声をかけてください。というか読んだのに知らん顔して生暖かい目を送られるととても恥ずかしいので、必ず！お礼にこの本では書けなかったことをうっかり話してしまうかもしれません。

そして可能であれば、一緒におもしろいものを作れるといいなと思います。

大嶋　剛直 (おおしま　たけなお)

1984年 千葉県館山育ち。ゲーム系専門学校を卒業後、株式会社ランド・ホー！にて複数の家庭用ゲーム機向けタイトルを開発。その後DeNAで国内外のモバイルゲームの開発・運用の業務を中心に、クライアント開発リードなどを担当。現在もゲーム業界にて、モバイルゲームやVTuber事業などの開発リードエンジニアを担当している。著書:「作って学べるUnityVRアプリ開発入門」「UE&Unityエンジニア養成読本」(技術評論社)

● 読者に向けて ···

このたびは本書をお手に取っていただきありがとうございます。

最初はプレイすることが好きだったゲームが仕事になる。これからゲーム業界を目指す学生の皆様、そしてすでにゲーム業界で活躍されている現役クリエイターの皆様、どちらの方でも、仕事としてゲーム開発をするということへの理解が深まる手助けとなれば幸いです。しかし、本書で書かれていることが必ずしも全てではありません。

もしかしたら今後も、働き方などは変わっていくかもしれません。ゲーム業界は新技術や新ハードの登場などで、常に変化を繰り返し発展していく業界です。これから先のゲーム業界を推進していくのは本書をご覧になっている方々かもしれません。いつの日かご一緒にゲーム開発できることを楽しみにしております。

福島　光輝（ふくしま　みつてる）
カプコン、コナミ、スクウェア・エニックス、DeNAで多くのコンシューマー、PC、モバイルゲームを開発。ファミコン時代からゲーム開発に関わり、現在もエンジニアとして友人が起業した会社でアプリやゲームの開発を行っている。また自身が設立した会社では教育に力を入れており、専門学校の講師としてゲーム制作を教えている。著書：「最速詳解 Unity 2020 スタートブック」（技術評論社）

● 読者に向けて ……………………………………………………………………………
　私は専門学校で教えていて学生に対して思うのですが、ゲーム作る仕事したいなら、今始めることです。パソコンがあれば今の時代、会社に入らなくてもゲームを作って販売することさえできます。そして本当にゲーム制作が好きだと分かったら将来ゲーム会社に入るか、起業すればいいのです。
　ゲーム制作に数学が必要だと分かれば、学校の数学の授業もその意味が分かります。単に三角関数を習ってもそれが何に役に立つのか分からなかったら理解するのも難しいでしょう。しかしそれがゲームで敵の軌跡を円で動かすことに使えると分かれば数学を学ぶ意欲に繋がります。英語だってゲーム制作に必要だと分かれば真剣に勉強するでしょう。プログラムの情報は圧倒的に英語です。物理も同じです。画面でボールを動かして下さい。教科書を読んでもさっぱり分からないものが実際に動いているのを見ると感動します。ゲームを作るための情報は書籍やネットに溢れています。今すぐ行動しましょう。

■ お問い合わせについて
・ご質問は本書に記載されている内容に関するものに限定させていただきます。本書の内容と関係のないご質問には一切お答えできませんので、あらかじめご了承ください。
・電話でのご質問は一切受け付けておりませんので、FAXまたは書面にて下記問い合わせ先までお送りください。また、ご質問の際には書名と該当ページ、返信先を明記してくださいますようお願いいたします。
・お送り頂いたご質問には、できる限り迅速にお答えできるよう努力いたしておりますが、お答えするまでに時間がかかる場合がございます。また、回答の期日をご指定いただいた場合でも、ご希望にお応えできるとは限りませんので、あらかじめご了承ください。
・ご質問の際に記載された個人情報は、ご質問への回答以外の目的には使用しません。また、回答後は速やかに破棄いたします。

■ 問い合わせ先
〒162-0846
東京都新宿区市谷左内町21-13
株式会社技術評論社 書籍編集部
「図解即戦力 モバイルゲーム開発がこれ1冊でしっかりわかる教科書」係
FAX：03-3513-6167

技術評論社ホームページ https://book.gihyo.jp/116/

■ 装丁	井上新八
■ 本文デザイン	BUCH⁺
■ 本文イラスト	リンクアップ
■ DTP	リンクアップ
■ 編集	原田崇靖

図解即戦力
モバイルゲーム開発がこれ1冊で
しっかりわかる教科書

2021年5月21日　初版　第1刷発行

著　者　　永田 峰弘／大嶋 剛直／福島 光輝
発行者　　片岡 巌
発行所　　株式会社技術評論社
　　　　　東京都新宿区市谷左内町21-13
　　　　　電話　　03-3513-6150　販売促進部
　　　　　　　　　03-3513-6160　書籍編集部
印刷／製本　株式会社加藤文明社

ISBN978-4-297-12084-9 C3055　　　　　　　　　Printed in Japan